DES

EAUX PUBLIQUES

ET DE LEUR APPLICATION

AUX BESOINS DES GRANDES VILLES, DES COMMUNES
ET DES HABITATIONS RURALES

PRINCIPES FONDAMENTAUX

CONCERNANT

LA RECHERCHE ET L'AMÉNAGEMENT DE L'EAU DANS TOUS LES PAYS,
LA DÉTERMINATION DE SES QUALITÉS, SA CONSERVATION
ET SA DISTRIBUTION,

PAR

G. GRIMAUD, DE CAUX.

PARIS
DEZOBRY, F[d] TANDOU ET Cie, LIB.-ÉDITEURS
RUE DES ÉCOLES, 78.

DES

EAUX PUBLIQUES

Coulommiers. — Imprimerie de A. MOUSSIN.

DES

EAUX PUBLIQUES

ET DE LEUR APPLICATION

AUX BESOINS DES GRANDES VILLES, DES COMMUNES ET DES HABITATIONS RURALES

PRINCIPES FONDAMENTAUX

CONCERNANT

LA RECHERCHE ET L'AMÉNAGEMENT DE L'EAU DANS TOUS LES PAYS, LA DÉTERMINATION DE SES QUALITÉS, SA CONSERVATION ET SA DISTRIBUTION,

PAR

G. GRIMAUD, DE CAUX.

PARIS

DEZOBRY, F^d TANDOU ET Cie, LIB.-ÉDITEURS

RUE DES ÉCOLES, 78.

—

1863

PRÉFACE

En 1841, j'ai publié un travail sous le titre d'*Essai sur les eaux publiques et sur leur application aux besoins des grandes villes*. Le passage suivant que j'extrais de la préface en explique l'origine et le but.

« Une occasion que je n'avais point provoquée est venue me chercher sur les banquettes de l'Académie des sciences, dont j'étais obscurément l'un des auditeurs les plus assidus, et j'ai été ainsi poussé à l'étude pratique d'une question qui n'a pas tardé à se développer, sous mes yeux, de toute la grandeur de son ensemble et de ses relations.

« Le travail que je publie maintenant, et qui en est le résultat, paraissait devoir me conduire à empiéter sur le domaine de l'ingénieur hydraulicien ; et, à ce point de vue, j'ai pu hésiter un instant à l'entreprendre. Mais, quand, toutes les parties de mon sujet ayant été rassemblées, j'ai vu qu'il y avait, au fond, plus d'hygiène, et quelle hygiène ! que de technologie et d'hydraulique, mon hésitation a cessé ; et j'ai écrit aussi librement sur cette question que sur d'autres de physiologie, d'hygiène ou de philosophie naturelle, mieux inscrites dans le cercle habituel de mes études.

« C'est donc d'hygiène avant tout qu'il s'agit ici, et d'hygiène appliquée, de cette hygiène qui regarde l'homme et non pas l'individu seulement, qui demande au climat raison de sa maligne influence, et qui indique à l'habitant les moyens ou de s'en garantir ou de la corriger. »

Le présent livre est une édition nouvelle, entièrement refondue et considérablement augmentée de l'*Essai sur les eaux publiques*.

En France, la première édition n'a pas été dédaignée des véritables juges. A l'Étranger, où j'ai vécu si longtemps, elle a été mon seul titre à la bienveillance et à la considération des savants et des hommes éclairés de toutes les classes ; et, pourquoi ne le dirais-je pas? je lui dois aussi l'honneur de grandes protections.

Aujourd'hui il ne s'agit plus d'un *Essai;* il s'agit de résultats mûris par une longue expérience, de l'exposition, non pas d'une doctrine méditée dans le silence du cabinet, mais de principes acquis, de vérités fondamentales qu'il importe de mettre en lumière et d'inculquer dans les esprits dans l'intérêt de tous.

Ce livre a donc son histoire ; et cette histoire touche à la fois à la science et à l'industrie : qu'il me soit permis d'entrer à ce sujet dans quelques détails. Sans doute il est de la dignité du savant de se consacrer tout entier à la science, mais il est aussi de son devoir de surveiller la mise en pratique des applications qu'on en peut faire, d'empêcher de fausses appréciations de ses théories. Le savant protége ainsi, de la manière la plus efficace, le progrès de l'industrie et des arts ; et il travaille, avec une utilité plus immédiate, à la prospérité générale du pays, qui a sa source véritable dans leur développement. D'un autre côté, c'est l'honneur, non moins que l'avantage des grands établissements industriels, dont la France s'énorgueillit, d'avoir su attirer, dans leurs conseils, des intelligences spéciales ayant de l'autorité dans la science.

Les premières EAUX que j'ai eu l'occasion d'étudier, au point de vue de leur application aux besoins de l'économie domestique et de l'industrie, sont celles de Vienne, de la capitale de l'empire d'Autriche. J'ai cherché vainement alors, pour cette étude, un guide spécial : dans aucune langue, il n'en existait point. Mais les représentants les plus accrédités de la science, à Vienne, m'honoraient de leur bienveillance et de leur amitié. Introduit auprès d'eux par Arago, je pouvais mettre à profit leur expérience et leurs conseils. Ils m'ont empêché de faire fausse route ; ils m'ont surtout servi à maintenir mes études d'hygiène locale dans la ligne scientifique la plus propre à leur donner quelque valeur. Aussi lorsqu'en 1838, après avoir recueilli des matériaux que je pus croire suffisants, je mis au jour un premier écrit intitulé : *Considérations hygiéniques sur les Eaux en général et sur les eaux de Vienne en particulier*, les encouragements que cet opuscule (62 pages in-8°) me valut à Vienne, et l'empressement tout particulier que le gouvernement de l'Empereur mit à faire expédier les formalités administratives, dans les affaires qui me concernaient, me prouvèrent que j'étais dans la bonne voie.

Grâces à de si heureuses circonstances, il m'avait suffi d'un temps relativement très-court, pour jeter les fondements d'un grand établissement, où la partie hydraulique était mon œuvre exclusive.

Les travaux hydrauliques du Dianabad (1) avaient surtout pour objet l'application du filtre à pression, du filtre Fonvielle aux eaux du Danube. M. Arago avait fait la fortune de cette invention, par son savant rapport à l'Académie des sciences, du 14 août 1837. De toutes les solutions que l'on peut donner du filtrage de l'eau en grandes masses, celle-là est certainement la plus approchée. Mais, il ne faut pas cesser de le répéter, et l'expérience la plus large qui en ait été faite, celle du Dianabad, m'y autorise, c'est là un problème à mettre sur la même ligne que ceux de *la quadrature du cercle et du mouvement perpétuel.*

Dans le système que j'adoptai, la pression était donnée par une tour hydraulique de trente-quatre mètres. Cette hauteur était suffisante pour atteindre à tous les étages des maisons du faubourg de Léopoldstadt, dont j'avais eu en vue l'alimentation dans un temps prochain. Cette tour a été réduite depuis cette époque. Aux fondateurs de l'œuvre, pénétrés de mes idées d'a-

(1) Je les exécutai avec le concours d'un élève sorti le premier de l'école de Châlons, où il avait remporté toutes les médailles. M. Tarifat, né à Saint-Marcellin, département de l'Isère, possédait une instruction technique solide, qui m'avait inspiré la confiance. Doué d'une habileté manuelle incontestable, qui lui permettait de travailler lui-même le bois et les métaux, il forma tous les ouvriers dont nous eûmes besoin. Plus tard, à Venise, il s'acquit de nouveaux titres à la considération des hommes de l'art, en dressant le plan détaillé et les devis des travaux hydrauliques de l'aqueduc de Canissano, destiné à conduire, à travers la lagune, les eaux du Sile à Venise.

venir et qui les avaient adoptées, succédèrent des directeurs infidèles à la tradition, l'ignorant sans doute, en tout cas incapables de la deviner, ou peut-être d'en aprécier la portée.

Le véritable succès d'une distribution d'eau est en effet dans l'avenir. N'ayant pas l'emploi immédiat de la quantité que l'établissement devait produire, j'avais indiqué, pour l'utiliser, la création d'un grand bassin, destiné à une école de natation d'hiver et d'été, qui, provisoirement, devait être le plus gros consommateur de l'eau du Danube clarifiée. Cet accessoire réussit, au point de provoquer une concurrence immédiate. Le profit qui en résulta fut fort apprécié. Mais il le fut au détriment de la distribution de l'eau, qui ne pouvait, de quelque temps encore, fournir d'aussi beaux bénéfices : de façon que, au lieu de remédier à l'accident prévu de la prise d'eau que, malgré mes observations, on avait si mal établie, (voyez ci-après chap. XIII page 256) les nouveaux directeurs trouvèrent plus utile de sacrifier le principal à l'accessoire.

La société du Dianabad a donc prospéré par la seule puissance de l'accessoire. Mais elle a perdu l'avenir immense qui lui était réservé, si, poursuivant l'idée première qui a donné lieu à sa formation, elle s'était appliquée à la développer en poussant des conduites dans les rues de Léopoldstadt. La Régence de Vienne, alors, était toute disposée à encourager de pareilles vues. Aujourd'hui la société du Dianabad serait en position d'entreprendre une distribution générale : ayant fait ses preuves, elle serait admise à résoudre le problème qui embarrasse maintenant la Municipalité : et peut-être empêcherait-elle la ville de

Vienne, de se livrer une seconde fois, sans y ménager ses finances, au danger d'une mauvaise solution. Mais à Vienne, bien qu'on ait senti la nécessité de créer une Académie des sciences, les promoteurs de l'industrie ne paraissent pas encore persuadés, comme on l'est en France, de l'utilité d'introduire dans leurs conseils des savants spéciaux.

Toutefois, la partie hydraulique du Dianabad fut terminée bien longtemps avant le reste de l'établissement.

L'ambassadeur de France, M. le comte de Sainte-Aulaire, voulut bien, accompagné de ses secrétaires, m'honorer d'une visite officielle à l'établissement. C'était plus qu'une marque de cette sollicitude qu'il était toujours prêt à prodiguer à ses compatriotes; c'était un haut témoignage de sa protection (1).

Plus tard, l'œuvre entière terminée, ce fut l'em-

(1) La science établit entre les hommes d'étude une sorte de fraternité intellectuelle qui se traduit en tous lieux par un empressement affable et dévoué. Si, à l'étranger, il s'y joint une bienveillance particulière des représentants officiels du souverain, il semble qu'on ne soit pas sorti de la patrie. Dernièrement encore j'éprouvais, en Grèce, les précieux effets de cette bienveillance, de la part du ministre de France. Lorsque le président de la compagnie du gaz d'Athènes et du chemin de fer du Pirée, M. le marquis de La Laurencie-Charras me fit l'honneur de réclamer mon concours, pour des études relatives à ces deux opérations, où ses amis et lui ont engagé d'assez grands capitaux; ma mission finie, j'eus l'idée de consacrer quelque temps à la question du percement de l'isthme de Corinthe. M. Bourée, ministre de l'Empereur en Grèce, en me donnant toute sorte d'encouragements et de marques de sympathies, mit aussi le plus grand empressement à me ménager le bon accueil des autorités du pays; et il rendit par là très-facile la tâche que je m'étais imposée et dont j'ai pu communiquer à l'Académie des sciences les résultats acquis. Je suis heureux de pouvoir consacrer ici ces agréables et précieux souvenirs.

pereur Ferdinand qui l'inaugura. Mais déjà je n'étais plus à Vienne.

Ce succès des travaux hydrauliques du Dianabad avait été remarqué. Le ministre de l'intérieur, comte de Kolowrat, me demanda un rapport sur les eaux de Venise.

A la suite d'une première exploration, où je reconnus l'insuffisance des moyens d'approvisionnement pour le développement de l'industrie de cette ville, qui avait dû autrefois à l'industrie et au commerce ses immenses richesses et sa puissance merveilleuse, Son Excellence m'engagea à pousser mes études jusqu'au bout, me promettant l'appui du gouvernement de l'Empereur, pour l'exécution de projets utiles.

La chambre aulique rendit en effet, en ma faveur, plusieurs décrets concernant l'aqueduc de Venise. L'exécution fut retardée, d'abord par la fantaisie inopinément inspirée aux Vénitiens par un chercheur d'eaux souterraines (voyez VENISE, *Histoire de ses puits artésiens à l'Académie des sciences*), ensuite par la révolution de 1848, qui, là, dure encore, après avoir accumulé tant de ruines, partout où elle s'est montrée.

Les études de l'aqueduc de Venise ont donné lieu à plusieurs projets. Dans le premier, on prenait l'eau à Fusine, non loin de la lagune, un peu au-dessous des *portesine* de la *Seriola*. Comme l'alimentation de Venise avait toujours eu lieu avec les eaux de la *Brenta*, qu'on allait chercher pour alimenter les citernes en supplément à l'eau du ciel, on avait l'avantage de ne rien changer, de ce côté-là, au régime de la ville. Ensuite, on profitait, pour élever l'eau, d'une force motrice naturelle, qui se trouvait sur place.

On renonça aux eaux de la *Brenta* pour celles du *Sile,* petite rivière d'un cours toujours égal, qui prend naissance au-dessus de Treviso, et dont les eaux excellentes avaient une réputation méritée.

Deux projets furent étudiés dans cette direction. Par le premier, on faisait au *Sile* une prise d'eau de superficie et une rigole, à l'imitation de la *Seriola,* conduisant l'eau jusqu'à *Campalto,* sur les bords de la lagune. Là, une tour hydraulique et la vapeur lui donnaient sur Venise, une pression convenable.

Le second projet, auquel on s'est fixé, a eu un commencement d'exécution très-avancé ; le décret de concession de la prise d'eau a été rendu, les terrains pour les bassins dans Venise ont été achetés ; il en a été de même de la force motrice sur le *Sile.*

Dans ce projet, la tour hydraulique est à Cannissano, sur le même point que la prise d'eau. La raison déterminante du choix avait été le peu de pente qu'aurait eu la rigole, cette pente n'aurait pas été supérieure à celle de la *Seriola.* La vitesse uniforme du courant nous aurait empêché d'augmenter la quantité d'eau à volonté, ou plutôt selon les besoins de l'industrie vénitienne, qui ne pouvaient manquer de s'accroître immédiatement après l'arrivée de l'eau. La conduite avait, il est vrai, 28 kilomètres de longueur, mais la force motrice était naturelle, tandis qu'à *Campalto* il fallait élever l'eau avec la vapeur.

Pendant que ces études d'aqueduc pour Venise se poursuivaient, le comte de Stadion, gouverneur du littoral, me demanda un travail analogue pour Trieste.

Cette ville est encore aujourd'hui dans une situation analogue à celle où était Marseille, avant que M. de Montricher y eût amené les eaux de la Durance. La montagne du Carso, composée en grande partie de calcaire caverneux, entoure la ville et s'étend fort loin sur le continent, vers l'Illyrie et la Dalmatie. Là, point d'eaux torrentielles comme dans les vallées de Gorizzia, de la Pontebba et du Tyrol. Les eaux pluviales sont englouties, elles coulent dans les profondeurs du sol et n'apparaissent en aucun point à la surface; elles vont se perdre dans l'Adriatique, où elles arrivent au-dessous de son niveau. En deux points, cependant, elles viennent se faire jour et produisent alors de véritables fleuves, dont l'un est le Timave et l'autre les sources d'Aurésina, émergeant à quatre pas et presque au niveau de la mer, dont les flots, quand ils sont émus, viennent se mêler à leurs eaux.

L'éloignement de ces sources et leur niveau étaient un obstacle très-considérable au point de vue financier. Car le prix de revient de l'eau à amener, supportable pour les besoins de la population seulement, n'eut pas permis d'en tirer aucun parti pour l'industrie. Il fallait chercher encore.

Il y a des eaux à Bolliunz, à Dollina, Podjama, Clinciza, dans la vallée du Zaule; mais elles ne résistent pas aux sécheresses. Il y a le Risano, cours d'eau sur la côte d'Istrie, dans un grand éloignement et avec une pression insuffisante. Il y a la caverne de Trebich; mais l'eau n'a, sur Trieste, qu'une pression de 60 pieds de Vienne, environ 20 mètres; et, pour l'atteindre, il faut percer dans le *Macigno* un tunnel de 2 kilomètres.

Enfin, il y a la Recca : c'est un cours d'eau permanent qui prend sa source dans les montagnes de la Carniole, et, après un parcours de quelques lieues, disparaît dans une grotte, à San-Canciano, à 12 kilomètres de Trieste. De trois nivellements que j'ai fait pratiquer et dont le dernier est du mois de juin 1843, il résulte que la Recca pourrait être amenée sur Trieste, avec une pression de 320 mètres. De plus, la prise d'eau pourrait être disposée de manière à produire des effets égaux, sinon supérieurs aux effets de la prise d'eau du Croton de New-York. (V. page 320.)

Pour amener l'eau de la Recca, il faut percer un tunnel de 12 kilomètres et creuser des puits de 60 à 120 mètres. Je démontrai que le prix de revient de l'œuvre n'était pas aussi disproportionné qu'on pouvait le croire au premier abord, avec le rendement qu'on en doit attendre ; et les esprits sérieux furent de mon avis. Le fondateur du Lloyd autrichien, M. de Bruck, plus tard ministre des finances de l'empire, était alors à la tête du mouvement industriel et commercial de Trieste ; il adopta entièrement mes idées et voulut être associé à la réalisation du projet Nous échangeâmes, sur ce sujet, une longue correspondance ; et ce fut pour céder à ses instances réitérées, que je publiai le résultat de mes études définitives dans l'*Observateur* de Trieste, (année 1843, numéros 12, 13, 14.) Ce Mémoire a été analysé d'une manière étendue, dans un travail sur le même sujet de M. Pietro Stancovich, membre des congrès scientifiques de Turin, de Florence et de Padoue (1). (Venise, 1844.)

(1) Au mois de janvier de cette année 1862, j'ai pris, pour me rendre à Athènes, la route de Vienne et de Trieste. Un élève de l'abbé Paramelle, appelé, dit-on, à Trieste par l'archiduc Maximilien, avait fait creuser inu-

J'étais trop désireux de voir l'acqueduc de Venise en pleine exécution, et la chose devait avoir lieu prochainement, pour penser à m'occuper, avec l'activité nécessaire, du tunnel de la Recca. M. de Bruck et moi, nous renvoyâmes donc, d'un commun accord, à un peu plus tard toute cette affaire de l'aqueduc de Trieste. Les événements ont fait le reste.

Depuis lors une société locale a procuré, à grands frais, de l'eau à la ville et au chemin de fer, en élevant les eaux de la source d'Aurcsina à la hauteur de 69,17 klafters de Vienne (environ 130 mètres 86). Dans des conditions semblables, le prix de revient de l'eau sera toujours de beaucoup trop supérieur aux sacrifices que peut faire une industrie quelconque, pour obtenir par l'emploi de l'eau des résultats rémunérateurs.

Si jamais la ville de Trieste se décide à canaliser la Recca par un tunnel, on peut lui prédire qu'elle aura à bon marché à sa disposition, pour l'industrie une force motrice considérable ; pour ses habitants et les navires de son port une grande abondance d'eau, et

tilement un grand trou au château de Miramare, au pied du Carso. Il prétendait qu'on trouverait là des eaux abondantes. J'ai vu le trou parfaitement à sec. En rentrant en France, on m'a montré, dans le *Cosmos*, des détails fort circonstanciés touchant les succès obtenus en Allemagne par le même élève de M. l'abbé Paramelle. Il avait découvert des eaux partout. Il avait découvert le cours souterrain de la Recca ; il avait découvert la caverne de Trebich ; il avait conseillé un tunnel. J'ignore les succès d'Allemagne ; pour ce qui est de Trieste, à l'exception de la caverne de Trebich, où l'on avait pénétré dès 1841, tout le reste était hypothèses pures ; et, pour le cours supposé de la Recca spécialement, depuis 1850 il est figuré et lithographié dans un rapport imprimé du docteur Caro'i, ancien président de la municipalité de Trieste, qui, précisement à cette occasion, s'est empressé de m'en faire tenir un exemplaire.

de plus qu'elle jouira de l'avantage inappréciable d'avoir, en toute saison, sur le penchant de l'amphithéâtre de rochers toujours arides qui l'entoure (*sempre pietre, acqua e cielo*, selon l'expression des habitants de ce paysage désolé), mais dont l'aspect grandiose saisit d'admiration une campagne toujours verdoyante et fleurie.

L'un des résultats les plus précieux de mes études sur les eaux est exclusivement hygiénique.

J'ai dégagé nettement la valeur fondamentale et l'influence immédiate de l'un des éléments du climat sur la vie de l'homme.

A Vienne et à Paris, les eaux ne sont pas de la même qualité : à Paris, on boit de l'eau courante ; à Vienne, des eaux de source ou de puits agréables au goût, mais chargées de sels. A côté de ce fait bien positif, j'en trouve un autre qui n'est pas moins avéré : c'est une différence considérable dans le chiffre de la mortalité, au détriment de Vienne. J'en conclus que ce chiffre de la mortalité est dû en partie à l'usage d'une boisson malsaine.

Au premier abord, ma conclusion peut bien ne pas paraître très-rigoureuse ; je la soutiendrais néanmoins comme infiniment probable, attendu qu'après tout, malgré la différence des longitudes, il n'y a pas, entre Vienne et Paris, autant de choses différentes qu'on pourrait le croire.

Mais voici qui rend ma thèse inattaquable : à Venise, on ne boit que des eaux de pluie ou de rivière ; à Padoue et à Vicence, on boit des eaux de puits, or, il y a, entre la mortalité de Venise et les mortalités de

Padoue et de Vicence, une différence énorme. J'en tire la conclusion, mais cette fois rigoureusement, qu'à Venise on vit plus longtemps parce qu'on y boit d'excellentes eaux, tandis qu'à Padoue et à Vicence c'est tout le contraire. Il n'y a pas à invoquer ici les mœurs des habitants, ou les circonstances de l'*air* et des *lieux*, puisque Vicence et Padoue sont à quatre pas de Venise, et qu'à l'exception de l'eau, les habitants de ces trois villes vivent absolument de la même vie.

J'ai dit l'histoire de mon livre ; j'en vais indiquer le plan. Dans la première partie, j'ai exposé les principes; j'ai fait connaître les différentes espèces d'eau d'après leur origine ; les caractères essentiels que doivent avoir des eaux publiques, tels qu'ils se déduisent de leur emploi dans l'économie domestique et dans l'industrie ; l'influence relative des matières qui sont susceptibles d'en altérer la pureté.

Dans la deuxième partie, j'ai compris tout ce qui m'a semblé avoir quelque rapport avec l'application des principes établis dans la première. Après une analyse critique des moyens employés pour la recherche de l'eau, j'ai fait connaître les procédés indiqués par la science et par l'expérience, pour l'aménager et la conserver.

Un coup d'œil jeté à la table, suffira au lecteur pour démontrer la richesse de la matière et la variété des sujets que j'ai dû traiter dans cette seconde partie, sans avoir la prétention d'en avoir ni épuisé ni oublié aucun.

Mon livre n'a rien de commun avec l'art de l'ingénieur. Mes prétentions sont absolument et exclusivement relatives à l'hygiène; j'ai voulu indiquer les moyens d'alimenter, sous le rapport de l'eau, les populations agglomérées, de manière à leur ménager à cet égard, dans chaque localité, les meilleures conditions d'existence.

Quand on a étudié un sujet pendant de longues années, que les résultats ont reçu la sanction d'une expérience longuement poursuivie, sur une grande échelle et dans les pays les plus divers; qu'en un mot la conviction acquise est solide, ferme, éclairée et sincère, il doit être permis de prendre la parole pour proclamer ce que l'on croit la vérité, et l'affirmer avec assurance.

La question est plus neuve qu'on ne pense. De l'eau ! mais rien n'est si vulgaire; il semble qu'il soit facile à tout le monde d'en parler avec connaissance de cause. C'est là une erreur : il en est de l'eau, comme de beaucoup d'autres choses dans la nature, que l'on croit bien connaître parce qu'on les a toujours sous les yeux.

Seuls, les chimistes ont parlé de l'eau convenablement. Mais ils en ont parlé uniquement à leur point de vue, pour raisonner soit des principes qui la constituent, soit des matières qui viennent se mêler à sa composition et la diversifier dans ses qualités. Quant à l'application générale, les chimistes n'en ont à peu près rien dit : ce n'était pas leur affaire; c'était l'affaire des hygiénistes.

Mais, d'un autre côté, peut-on citer un hygiéniste qui ait embrassé la question dans son ensemble?... Chacun a parlé de l'eau de son pays, de l'eau qu'il a autour de lui, qu'il s'est accoutumé à boire dès l'enfance. Influencés par l'habitude qui crée les goûts les plus variés et souvent les moins rationnels, plusieurs même ont été entraînés à prendre, pour des qualités louables, des propriétés réellement nuisibles. L'habitant de Vienne fait grand cas de l'eau du palais Schwarzenberg au Mehlmarkt, qui doit sa fraîcheur et sa saveur piquante aux matières fixes qu'elle contient (1), et il tient pour mauvaise l'eau de la Seine qui jouit d'une juste célébrité et qui est bien loin d'avoir la même saveur. (Voyez ci-après, page 89.)

Pour se trouver à la hauteur de cette grande question de l'eau, il faut remonter jusqu'à Hippocrate. Ce sublime génie, en donnant à la médecine, pour raison d'être, l'observation, a consacré, par l'observation même et d'un seul trait, l'importance hygiénique de l'eau : car il a fixé les lois du climat, il en a déterminé les trois éléments et démontré que l'eau était du nombre.

Après Hippocrate, plus de ces grands horizons, plus de ces grandes vues d'hygiène qui permettent de faire regarder la science comme universelle, et ses préceptes applicables partout, pouvant partout accompagner l'homme, à qui le privilége d'habiter tous les lieux du globe a été si libéralement départi par le Créateur.

Comme je l'ai dit, cette absence d'ouvrages spéciaux (2) a été pour moi une cause de grande surprise

(1) 6,040 parties, dont 1,433 de nitrate de soude.

(2) Les ingénieurs eux-mêmes ont été longtemps dans la même pénurie. En 1854, M. Dupuit s'exprimait en ces termes : « Il y a quatre ans, en « prenant, disait-il, la direction des eaux de Paris, nous avons trouvé de

et de longue gêne, il y a vingt-cinq ans. Et aujourd'hui encore, il ne faut pas s'en étonner, elle laisse au dépourvu les écrivains de tout ordre que des circonstances particulières appellent à traiter l'une ou l'autre des questions soulevées par l'étude des *eaux publiques*, devenues enfin, à si juste titre, un objet important de l'attention de tous.

Je dois dire en terminant que je n'ai pas été avare de citations ; il m'eût été facile d'analyser les auteurs que j'ai consultés, ou sur l'opinion desquels je me suis appuyé. Je n'aurais fait en cela qu'imiter beaucoup d'écrivains, même des plus illustres. Il m'a toujours semblé que c'était là une façon de faire croire au lecteur que le livre est sorti tout entier du cerveau de celui qui l'a composé, comme Minerve du cerveau de Jupiter. Il n'en est jamais ainsi : quelle que soit la nouveauté d'un sujet, on a toujours été précédé par quelqu'un. Les citations textuelles font la part du dernier venu ; et c'est pour lui un véritable bénéfice, quand il se trouve que réellement il a eu quelques aperçus nouveaux à faire connaître.

Paris, 12 décembre 1862.

« bien grandes difficultés pour compléter les notions théoriques et pratiques qui nous étaient nécessaires..... » Il constate qu'il n'y avait que des notices éparses parmi lesquelles la plus remarquable était celle de M. D'Aubuisson, relative à la distribution de Toulouse. Quant à des traités ex-professo sur la question, il n'y avait que l'essai de Genieys.

Aujourd'hui la science de l'ingénieur possède le *traité théorique et pratique de M. Dupuit*, livre excellent à tous les points de vue, et la belle publication de M. Darcy, sur *les fontaines publiques de Dijon*, qu'on peut aussi regarder, au moins par les notes, comme un traité général sur la matière.

CONSIDÉRATIONS PRÉLIMINAIRES

On remplace le pain, on ne peut pas remplacer l'eau. — Les distributions d'eaux publiques sont de première nécessité dans les villes. — L'homme ne modifie point le climat. — Conditions fondamentales du climat. — L'eau est la plus accessible de ces conditions. — Ignorance générale du sujet. — Objet du livre.

L'eau constitue partout l'une des premières nécessités de l'existence humaine. L'homme peut se passer de tous les autres liquides, il ne peut pas se passer de l'eau : on remplace le pain par d'autres aliments, on ne remplace pas l'eau de la fontaine.

L'accroissement d'une ville et sa prospérité sont limités par la quantité d'eau que cette ville peut se procurer. La plupart des travaux publics entrepris pour en rendre le séjour commode, agréable et salubre, tels que l'élargissement des rues, le pavage, l'éclairage, etc., sont des travaux accessoires et les indices d'une civilisation et d'une prospérité plus ou moins avancées; une seule chose est essentielle, parce que, sans elle, il ne peut y avoir dans une ville, ni agrément, ni commodité, ni salubrité; et cette chose est une large distribution d'eau propre à tous les usages.

La santé publique surtout y est intéressée. Une substance malsaine prise chaque jour, quoiqu'en petite quantité, suffit pour constituer la cause des différences de salubrité qui se remarquent dans les divers pays : on ne doit donc pas s'étonner que la moindre amélioration dans le régime des eaux d'une population ait toujours eu pour conséquence une diminution dans le chiffre de la mortalité.

C'est là un beau côté de notre travail, dont les considérations suivantes feront comprendre l'importance.

Par son activité et son industrie l'homme est parvenu à vivre sous toutes les latitudes, et à combattre les effets pernicieux des climats les plus opposés. Il n'en est pas moins certain que tous les climats exercent sur lui une influence immédiate. Ce n'est qu'en pliant sa constitution primitive aux exigences du climat, que l'homme devient capable d'en neutraliser les effets. La lutte commence au moment où il ouvre les yeux à la lumière, à la première inspiration qu'il fait pour introduire de l'air dans ses poumons ; et si la victoire se range de son côté, s'il remporte quelques triomphes, ce n'est jamais sans avoir soutenu de grands combats et reçu de nombreuses et profondes blessures.

Les maladies qui dérivent de l'influence des climats, portent le nom de maladies *endémiques*.

Chaque climat a les siennes, et par conséquent il a aussi des conditions tout à fait spéciales. Ces conditions dépendent surtout du plus ou moins de moyens de résistance aux causes morbifiques dont l'habitude a fortifié la constitution des habitants.

Trois choses fondamentales déterminent le climat : 1° les qualités de l'air ; 2° la nature des eaux ; 3° la configuration et l'exposition de lieux. (Voyez à la fin du volume note A.)

Ces trois choses renferment tous les éléments de la question. Lorsqu'on les connaît bien, on possède la clef du caractère d'une population, de ses mœurs et de son génie.

C'est par l'étude de ces trois éléments appliquée aux contrées de la Grèce ancienne, que le père de la médecine, Hippocrate, s'est immortalisé. Son traité *des airs, des eaux et des lieux*, a fourni à Montesquieu l'idée fondamentale de son livre intitulé : *de l'Esprit des lois*. Hippocrate ayant trouvé dans les conditions du climat, la raison pour laquelle, malgré l'identité de l'espèce, les hommes différaient entr'eux par des nuances graduées et successives, il était naturel d'en conclure que la même raison déterminait aussi leur véritable condition politique et sociale.

Partout où vous trouverez un climat différent, vous verrez des mœurs analogues à ce climat. Mais les lois, pour être sages, doivent être en rapport avec l'esprit et les mœurs des nations.

Or, puisque le génie et les mœurs tiennent au climat, que le climat n'est pas le même partout, qu'il modifie les hommes et qu'il ne se laisse pas modifier par eux, il est évident que pour faire de bonnes lois, il faut les mettre en rapport avec ses exigences.

Le climat influe donc d'une manière inévitable sur la différence des gouvernements.

Telle est la question envisagée sous son point de vue le plus élevé.

Ainsi, l'homme ne modifie point le climat; mais il apprend peu à peu à se mettre à l'abri de ses atteintes; et c'est en cela surtout que l'on voit briller son intelligence.

S'il ne peut pas arrêter les courants atmosphériques, il changera quelquefois leur direction. Dans l'antiquité Empédocle délivra la ville d'Agrigente d'une épidémie qui l'affligeait tous les ans. Ayant constaté que l'épidémie se manifestait à l'époque de certains vents, il donna le conseil de boucher, au moyen d'un grand mur, une gorge formée par deux montagnes;

le vent n'ayant plus accès sur la ville, la peste disparut pour toujours.

Une armée anglaise débarque en Hollande; l'air humide et marécageux saisit les soldats, leur donne la dyssenterie, et à la première affaire ils sont vaincus. On donne aux soldats des gilets de flanelle, la dyssenterie disparaît, et la victoire se range sous leurs drapeaux.

Dans les pays où les eaux sont stagnantes, la fièvre intermittente désole les habitants. Mais si l'on creuse des canaux, si l'on dessèche les marais en les faisant traverser par une eau courante, les fièvres disparaissent avec la cause qui les avait amenées.

Des trois conditions qui fondent le climat, la plus accessible est celle qui est relative à la qualité des eaux. Il est toujours possible de les assainir plus ou moins complétement : c'est un soin que les administrations éclairées ne négligent jamais. Le plus grand bienfait que l'on puisse rendre à une population, c'est de lui offrir une eau abondante et salubre, le pauvre n'ayant pas d'autre boisson.

Mais, comme il est prouvé par l'expérience, l'eau est dans le cas de ces choses vulgaires qu'on croit bien connaître, parce qu'on les a tous les jours sous sa main, et qui n'en sont pas moins complétement ignorées.

L'objet de ce travail est l'exposition des principes

qui doivent servir de guide, non pas seulement à l'administrateur d'une grande cité et au maire d'une commune, mais encore au propriétaire d'un domaine et à son fermier.

PREMIÈRE PARTIE

PRINCIPES

CHAPITRE PREMIER

DES DIFFÉRENTES ESPÈCES D'EAU, DE LEUR ORIGINE COMMUNE ET DE LEURS QUALITÉS RESPECTIVES

Trois sortes d'eau. — Quantités comparées de l'eau d'une rivière et de la pluie qui tombe dans son bassin. — Superficie des rues et des toits de Venise : quantité de pluie à y recueillir. — § I. *Des eaux de pluie.* Formation de la pluie. — Comment elle se sature d'air en tombant. — § II. *Des eaux de source.* Théorie des sources. — Comment l'eau s'altère dans le sol et comment elle est privée d'air atmosphérique. — § III. *Des eaux de puits.* Les puits recueillent les eaux d'infiltration : condition inévitable d'insalubrité. — Exemples d'invasions épidémiques causées par les eaux de puits. Deux dispositions des fermes en France. — Préjugé relatif aux mares. — § IV. *Des eaux courantes.* Les eaux de rivière sont la moyenne des eaux de source de son bassin : sont modifiées par les pluies. — Influence des égoûts des villes sur les eaux de rivières. — Résultat singulier des analyses de l'eau de Seine avant, pendant et après la traversée de Paris.

Trois sortes d'eau existent dans la nature, elles ont une origine commune, la pluie : ce sont les eaux de source, les eaux de puits et les eaux courantes ou de rivière. Dans presque toutes les localités, ces trois sortes d'eau se trouvent à la portée de la main de l'homme.

Il est curieux de connaître les rapports qui existent entre la quantité d'eau qui coule durant une année, dans une rivière, et la quantité de pluie qui tombe, pendant le même espace de temps, dans le bassin que cette rivière parcourt. Ce calcul a été fait pour le bassin de la Seine et pour la Seine depuis son origine jusqu'à Paris. On le doit à M. Dausse, ingénieur des ponts et chaussées, et nous en empruntons les détails à M. Arago, qui les a consignés dans une de ses notices scientifiques.

« Le bassin de la Seine a 4,327,000 hectares de superficie. L'eau qui tombe dans ce bassin, si elle ne s'évaporait pas, si elle ne pénétrait pas dans le sol, si le terrain était partout horizontal, y formerait, au bout de l'année, une couche liquide de 53 centimètres de hauteur. Il est facile de voir qu'une pareille couche se composerait, en volume, de 22,933 millions de mètres cubes d'eau. Or, au pont de la Révolution, le débit moyen de la Seine est :

De 255 mètres cubes par seconde,

Ou de 22 millions de mètres cubes par jour,

Ou de 8,042 millions de mètres cubes par an.

Ce dernier nombre est à 22,933 millions de mètres cubes, pluie annuelle du bassin de la rivière, comme 100 à 285, ou presque comme 1 à 3. Ainsi le volume d'eau qui passe annuellement sous les ponts de Paris n'est guère que le tiers de celui qui tombe en pluie dans le bassin de la Seine. Deux tiers de cette pluie, ou retournent dans l'atmosphère par voie d'évaporation, ou entretiennent la végétation et la vie des animaux, ou s'écoulent dans la mer par des communications souterraines. »

Ce calcul démontre que les abondantes nappes d'eau roulées sans cesse par les rivières de l'intérieur des continents vers la mer, ont pour origine la pluie, et ne sont même qu'une très-faible partie de la masse des eaux pluviales annuelles qui tombent sur les contrées environnantes.

Il y a des localités tellement situées que cette question de la quantité de pluie, comparée aux besoins de la population, est une question vitale. A Venise, par exemple, l'approvisionnement des citernes a dû être, dans le principe, uniquement fondé sur les eaux du ciel. Aujourd'hui les eaux de la Brenta concourent à cet approvisionnement; mais si, par une cause quelconque, les communications avec la terre ferme étaient absolument interrompues, il est bien prouvé qu'en recueillant avec soin toutes les eaux de pluie, l'approvisionnement suffirait à une population huit fois plus grande.

Venise a une surface de 5,200,000 mètres carrés, abstraction faite des canaux et de la Giudecca; c'est la surface occupée par les rues pavées et par les toits. Supposez la huitième partie de cette surface, c'est-à-dire 650,000 mètres carrés seulement employés à recueillir l'eau; comme il tombe, année commune,

0,82 centimètres de pluie, il se trouve que l'on aurait 14 1/2 livres d'eau par jour et par tête pour une population de 100,000 âmes, que l'on compte dans cette ville, les îles en dehors.

Les eaux de sources et les eaux de puits, comme les eaux de rivière, tirent donc leur origine des eaux du ciel, ainsi que nous l'avons déjà dit; et l'on vient de voir que, dans toutes les localités, il tombe annuellement assez de pluie pour y pourvoir. Quelle est la condition des unes et des autres; et d'abord quelle est la condition des eaux de pluie?

§ 1er.

DES EAUX DE PLUIE

La production de la pluie est un phénomène météorologique parfaitement connu. La chaleur atmosphérique fait évaporer la partie la plus légère des amas d'eau répandus à la surface de la terre. Lorsque les vapeurs qui résultent de cette espèce de distillation sont condensées, elles se précipitent de nouveau, retombent en gouttelettes et sont ainsi restituées à la terre, qui les avait fournies. C'est donc une suite non interrompue d'évaporations et de condensations perpétuelles qui alternent ainsi depuis le commencement des choses, puisqu'elles sont le résultat de la constitution des éléments du globe terrestre et de son atmosphère propre.

Dans ce phénomène de la production de la pluie, il faut noter deux circonstances capitales qui ont un rapport immédiat avec notre objet.

L'évaporation ne s'exerce que sur la partie la plus légère des amas d'eau. Les sels et toutes les substances que l'eau peut dissoudre, en circulant à travers le sol, ou en séjournant à sa surface, ne s'élèvent point avec les vapeurs aqueuses dans l'atmosphère. Il en est de même des matières que l'eau tient en suspension et qui, dans les rivières, altèrent sa limpidité, troublent sa transparence ; toutes ces matières, ou suspendues, ou solubles, restent fixées au sol qui les avait fournies. Donc, sous ce rapport, du moins, l'eau évaporée, la vapeur aqueuse répandue dans l'atmosphère, doit s'y trouver dans un état parfait de pureté ; et il faut conclure de là qu'en arrivant sur le sol, au moment où la condensation les y ramène, ces gouttelettes qui constituent la pluie, devraient fournir une eau complétement dépouillée de toute substance étrangère. A la vérité, en traversant l'atmosphère, la première pluie qui tombe entraîne toujours avec elle une infinité de corpuscules, débris les plus ténus des corps qui s'agitent à la surface de la terre, que les mouvements de l'air entraînent, et qu'on voit voltiger, dans ce fluide, en quantité considérable, quand un rayon de soleil pénétrant dans une chambre vient se refléter à leur superficie : à cette altération près, dont il faut tenir compte, car elle développera plus tard son action, l'eau de pluie est parfaitement pure. (Voyez note B.)

Il faut noter encore un autre point. L'eau jouissant de la propriété de se saturer d'une certaine quantité d'air ; quand les vapeurs se condensent dans l'atmosphère, les gouttelettes qui se forment se trouvent, au moment même de leur production, en contact immédiat avec le fluide élastique, de façon qu'en arrivant sur la terre, l'eau de pluie est complétement saturée d'air. Cette saturation a souvent lieu avec excès, et il n'est pas rare de voir l'excédant se séparer, sous forme de grosses bulles, au moment où la pluie atteint le sol. Or, pour comprendre toute la valeur de cette circonstance, il faut savoir que cette propriété, dont l'eau est douée, de tenir en dissolution une certaine somme d'air atmosphérique, est précisément la cause principale de sa digestibilité. L'eau distillée des chimistes et des pharmaciens, qui n'est autre chose que de l'eau évaporée et condensée, est indigeste. Si l'on veut la rendre propre à la boisson, il suffit de l'agiter dans l'air. C'est sur cette pratique qu'on a voulu faire reposer l'approvisionnement des navires au long-cours avec de l'eau de mer. On évapore cette dernière par la distillation et on la mêle avec de l'air, soit en la faisant tomber en gouttelettes sur des fagots, soit en l'agitant dans l'atmosphère par un moyen quelconque. Ces deux opérations suffisent presque toujours pour rendre l'eau de mer potable.

Ainsi donc : 1° Dépouillement de toute substance étrangère, soit soluble, soit suspendue; 2° saturation d'air; telles sont les deux conditions dans lesquelles se trouve l'eau de pluie au moment où elle abandonne l'atmosphère pour se répandre à la surface du sol.

§ 2.

DES EAUX DE SOURCE

Supposez un plateau quelconque sensiblement élevé par rapport à la contrée qui l'environne. Si ce plateau est perméable dans toute son étendue, ou si, composé de roches stratifiées, il contient çà et là des fissures plus ou moins nombreuses, l'eau de pluie en tombant s'infiltrera dans le sol, s'insinuera dans les fentes des rochers; elle circulera, soit en nappes, soit en filets capillaires, dans la profondeur du plateau, et finalement elle viendra se rassembler, en quantité plus ou moins grande, à l'endroit où une roche imperméable, ou bien un terrain analogue, tel que l'argile, l'empêchera de pénétrer plus avant. Dans cet état de choses, si le point où l'eau s'est arrêtée renferme quelque fissure qui établisse une communication quelconque avec l'extérieur, et si cette fissure s'ouvre soit au niveau de l'amas intérieur, soit au-dessous, l'eau s'écoulera au-dehors. Les lois de l'hydrostatique permettent de concevoir des façons de source plus compliquées.

Maintenant il arrivera de deux choses l'une : ou bien l'eau pluviale, en traversant les terrains, y rencontrera des éléments solubles et les entraînera avec elle ; ou bien elle sera en contact avec un sol inerte qui ne sera point susceptible de l'altérer dans sa composition chimique. Dans le premier cas, la source fournira une eau plus ou moins minérale en vertu de l'axiome de Pline : *quippe tales sunt aquæ, qualis terra per quam fluunt* (C. Pline, liv. XXXI, ch. 4) ; dans le second, elle rendra l'eau comme elle l'avait reçue, du moins quant à ses principes constituants. Mais, comme, en circulant à travers le sol, elle aura été plus ou moins longtemps à l'abri du contact de l'air, que de plus, par l'infiltration, elle aura été soumise à une division moléculaire, il arrivera nécessairement que, dans les deux cas, elle aura perdu une quantité plus ou moins considérable de cet air précieux, dont elle s'était saturée au sein de l'atmosphère, avant d'arriver à la surface du plateau.

Il résulte de là que les eaux de source, 1° peuvent être altérées dans leurs principes constituants par leur mélange intime avec des principes solubles ; 2° qu'elles sont nécessairement privées d'une portion quelconque de l'air atmosphérique qu'elles retenaient avant de s'infilter.

Ainsi dans les cas les plus favorables les eaux de

source sont toujours privées d'une portion quelconque de l'air qu'elles contenaient au moment de leur pénétration dans le terrain.

A la vérité, c'est là une condition purement négative qui, si elle diminue la valeur de leurs propriétés utiles, du moins ne leur en ajoute pas de mauvaises. Les choses se passent bien différemment pour les eaux de puits.

§ 3.

DES EAUX DE PUITS

Ces réservoirs artificiels recueillent les nappes d'eau souterraines qui se rencontrent quelquefois au lieu même où on les creuse, circonstance qui dépend beaucoup de la nature géologique du terrain; et par cette raison, leurs eaux sont déjà dans cette condition négative que nous avons signalée dans les eaux de source. De plus ils recueillent aussi toutes les eaux d'infiltration qui se répandent à la surface de la terre dans un rayon déterminé. Or, ces eaux sont inévitablement insalubres et de la plus mauvaise qualité; car les infiltrations locales qui les produisent sont alimentées par les liquides de toute sorte que l'on rejette incessamment autour des habitations.

Pour les eaux de puits, voilà donc déjà deux circonstances défavorables à leur emploi, dont l'une, purement négative, consiste dans la privation d'une portion quelconque d'air ; dont l'autre, au contraire, très-positive, les met dans une condition d'insalubrité manifeste.

Mais il est une troisième circonstance dont la gravité a souvent fixé l'attention d'un très-habile physicien de Vienne, M. le conseiller de régence et professeur Baumgartner. Des deux principes constituants de l'air atmosphérique, l'oxygène, qui s'y trouve dans la proportion d'un tiers, est précisément celui pour lequel l'eau a le plus d'affinité, c'est le gaz qu'elle dissout de préférence et en plus grande quantité. Or, qu'arrive-t-il dans un puits couvert et dont on tire l'eau avec une pompe à soupape dormante, comme sont presque tous les puits de l'Allemagne ? Il arrive deux choses : d'abord l'eau se renouvelle au fur et à mesure qu'on la puise, et l'air qui lui est superposé ne se renouvelle pas ; ensuite l'affinité de cette eau, ainsi renouvelée, pour l'oxygène de l'air, s'accroît sans cesse, par cela même qu'il y a plus d'obstacles à ce qu'elle soit satisfaite, et l'air du puits se dépouille de plus en plus de son oxygène, sans qu'aucune circonstance, ni extérieure, ni intérieure, vienne lui restituer ce qu'il en a perdu. D'un côté donc, puissance et nécessité d'absorption toujours croissantes, et de l'autre, diminution toujours plus rapide de l'élément à absorber.

Ces deux circonstances d'absorption d'oxigène et

d'absence de renouvellement d'air déterminent cette odeur de renfermé particulière aux atmosphères des puits et des citernes. Il se passe là véritablement quelque chose de ce qui a lieu dans les grands salons mal aérés, où la foule s'amasse pendant l'hiver ; survient toujours un moment où tout le monde se plaint qu'on étouffe : alors la flamme des bougies perd de son brillant et de son intensité ; on ouvre les croisées, l'air extérieur se précipite dans le salon, et personne ne se plaint plus, car les choses sont revenues à leur état normal. Tout cela n'avait qu'une cause ; les besoins de la respiration et l'entretien de la chaleur et de la lumière avaient consumé rapidement l'oxygène de l'air contenu dans le salon, et le moment était venu de remplacer ce gaz bienfaisant sans lequel il n'est point de feu ni de vie.

La condition d'insalubrité particulière aux eaux de puits que nous venons de signaler exerce son influence sur une grande échelle dans les villes de Berlin et de Vienne, dont la population ne s'abreuve qu'avec de l'eau de pompe ou de puits.

A Berlin, les rues, d'ailleurs larges et aérées, sont parcourues, selon leur longueur, par deux ruisseaux d'un pied et demi de profondeur, dans lesquels on jette les eaux ménagères. Ces ruisseaux côtoient les trottoirs et répandent, même par de basses températures, une odeur infecte qui a provoqué plus d'une fois les plaintes des habitants. Quand le choléra envahit la capitale de la Prusse, on voulut remédier, autant que possible, à cette cause trop évidente d'insalubrité, en couvrant les ruisseaux avec des planches; mais l'expérience a surabondamment prouvé combien ce moyen était insuffisant. Comme la clôture en planches n'est point hermétique, les ruisseaux répandent toujours dans l'air leurs malfaisantes exhalaisons et constituent la ville de Berlin dans un état permanent d'insalubrité. Toutefois, ce n'est pas là l'unique mal que ces ruisseaux produisent; car, chaque coin de rue a son puits où les habitants viennent pomper l'eau nécessaire à leurs besoins domestiques. (Ceci a été écrit en 1841 : les conditions hygiéniques de la capitale de la Prusse ont été depuis lors considérablemant améliorées, ne serait-ce que par la distribution des eaux de la Sprée, dont l'établissement n'existait pas alors.)

A Vienne, cette condition d'insalubrité des eaux de puits s'exerce d'une autre manière. Les rues de cette ville sont très-propres; d'une part, elles ne retiennent point d'immondices, parce que le pavé en est très-dur et assez bien établi : et d'autre part, on n'y jette point d'eaux ménagères. Celles-ci sont reçues dans les lieux d'aisances, dont chaque maison est pourvue, et qui consistent en de simples canaux communiquant avec l'égout principal de chaque rue. Mais cet égout ne fonctionne bien que dans les temps de pluie; de fortes averses étant nécéssaires pour entraîner le tout vers le fleuve. Dans les temps ordinaires, il y a plus ou moins de stagnation; et alors, de même qu'à Berlin, les matières qui séjournent dans les égouts s'infiltrent à travers la terre et viennent se mêler aux eaux de puits, en suivant la même route que les autres eaux infiltrées.

Cette contamination des eaux de puits par les eaux d'infiltration des égouts ou des dépôts d'immondices a été plus d'une fois funeste à la population de Vienne. On pourrait citer en preuve deux faits récents (1841), très-remarquables.

Le premier est relatif à une maladie qui attaqua tout à coup et simultanément un grand nombre d'élèves de l'Académie Thérésienne, dont plusieurs succombèrent. Parmi les versions qui circulèrent sur les causes de cette invasion en quelque sorte épidémique, la majorité adopta la suivante. On pensa que les eaux de puits, momentanément souillées par des infiltrations d'égout, avaient occasionné tout ce mal.

Le second fait s'est passé dans l'un des faubourgs de cette capitale. On creusait un égout principal et l'on avait bouché tous les affluents; il survint de grandes pluies qui gonflèrent ces derniers, délayèrent les matières qu'ils contenaient et en facilitèrent l'infiltration. Tous les puits furent infectés, et une épidémie de fièvre typhoïde (*typhus abdominalis* des nosologistes de Vienne) emporta en quinze jours plus de mille individus.

Dans presque toutes les fermes de la France, le puits fait la base de l'alimentation, et voici ses conditions.

Il y a deux modes de construction de la ferme, se distinguant l'un de l'autre d'une manière très-tranchée.

Dans l'un, les bâtiments sont ramassés en une vaste cour, dont ordinairement ils occupent les trois côtés : cette disposition est la plus générale.

Dans l'autre, l'habitation, l'écurie, l'étable, la vacherie, la basse-cour, etc., sont dispersés sans ordre et séparés par de grands espaces sur un terrain qui occupe quelquefois jusqu'à six hectares. Cette disposition au hasard est surtout en usage en Normandie, dans presque tout l'ancien Bocage. La ferme, ou plutôt le vaste espace qu'elle enserre, porte le nom de *plant*, parce que l'on y plante de nombreux pommiers pour avoir du cidre.

Dans tous les cas, quelle que soit la ferme, il faut l'eau sous la main. Quand on n'a ni source ni rivière à proximité, on creuse un puits ; le puits faisant défaut cn a recours à l'eau du ciel avec des moyens d'une imperfection manifeste.

Or, neuf fois sur dix, c'est le puits qui fait la base de l'alimentation. Ainsi que je l'ai dit ci-dessus, j'ai vu prévaloir cet usage des puits, même dans de grandes villes baignées ou traversées par des cours d'eau inépuisables. Presque toute l'Allemagne en est là. Je l'ai constaté à Berlin sur la Sprée, à Vienne et à Pesth sur le Danube. Les qualités chimiques de l'eau des puits dans ces capitales sont loin d'être une recommandation ; elles se trahissent au goût ; mais la population y est habituée. Les conséquences funestes de son usage sont éloignées ; à ce titre elles ne sauraient attirer l'attention du vulgaire.

Le puits est donc un élément essentiel de l'habitation. Eh bien ! quand on examine la chose de près, on est obligé de reconnaître qu'un bon puits, un puits donnant une bonne eau, potable, salubre, est presque partout une exception.

Le puits n'est jamais qu'un réservoir, un point déclive creusé au milieu d'un terrain souillé, où les lois de la pesanteur amènent les liquides de toute sorte qui se répandent sur le sol, et, en le traversant, entraînent toutes les substances solubles.

Dans les *plants* du Bocage, le sol, foulé constamment par les animaux domestiques, est imprégné de leurs déjections qui, s'infiltrant avec l'eau du ciel, viennent se mêler à elle dans le point déclive que le puits leur fournit.

Dans les autres fermes, on réunit les engrais en tas, avec l'accessoire indispensable d'une mare putride : le puits, qui n'est jamais loin, en est malignement influencé.

Ici le point de vue hygiénique est facile à apprécier : il ne peut être indifférent, en effet, pour la santé des habitants de la ferme, de boire une eau imprégnée d'ordures.

Quant au point de vue physiologique, il consiste en ceci : que l'eau boueuse et infecte est réputée plus favorable que toute autre à l'engraissement des animaux. C'est là un préjugé sans doute qui doit céder devant l'expérience, confirmée surtout par les succès de nos grands éducateurs. Mais ce préjugé existe ; il est fortement enraciné dans l'esprit du paysan, et il appartient à la physiologie de le détruire.

Il y a des localités où la population elle-même ne boit que de l'eau de mare. Au premier abord la santé publique n'en semble pas altérée : tout le monde se porte bien durant une partie de l'année. Mais, quand vient l'automne, les fièvres intermittentes décèlent les mauvaises influences de la boisson insalubre. Tel serait le cas de beaucoup d'endroits en France, tel serait spécialement le cas des environs de Charras, dans la Charente, localité dont le climat, excellent sous tous les autres rapports, n'aurait de défaut que cette privation absolue d'une bonne eau.

§ 4.

EAUX COURANTES OU DE RIVIÈRE

Dans les fleuves et les rivières, la composition de l'eau, à l'origine, participe des qualités de l'eau de source, puisque tous les cours d'eau prennent naissance d'une source. Mais cette composition ne tarde pas à être modifiée par plusieurs causes dont il nous reste à étudier les effets.

Les sources retiennent toujours une quantité plus ou moins grande des substances solubles du terrain que leur eau a traversé ; et comme, dans un cours de quelque étendue, toute rivière reçoit les affluents de nombreuses sources, son eau semble devoir se charger en définitive de tous les éléments que ces affluents contenaient à leur origine ou qu'ils ont rencontrés en chemin.

Une rivière étant donnée, on pourrait donc dire quelle est la moyenne, le récipient général des eaux, et le dissolvant universel des substances solubles du bassin qu'elle parcourt. Mais il n'en est pas ainsi, et voici pourquoi : la solubilité des sels que ses eaux peuvent contenir, et notamment du carbonate de chaux, est toujours le résultat d'un excès d'acide ; si cet excès d'acide vient à s'évaporer par une cause quelconque, le sel se précipite et ne reste plus combiné. Or, la rivière, en roulant ses eaux, en divise les molécules et les présente toutes au contact de la lumière et de l'air, c'est-à-dire aux deux agents les plus puissants de toute évaporation. D'où l'on voit que, si c'est un vice dans les eaux de source de contenir des sels, il est dans la nature des choses que ce vice-là s'élimine de plus en plus dans les eaux de rivière, au fur et à mesure que leur cours se prolonge, se grossit et s'étend.

Quant à l'air atmosphérique, perdu par les eaux de source dans leur trajet à travers le sol, ce gaz leur est amplement restitué dans les rivières, puisqu'à force de rouler à l'air libre et au soleil elles ne peuvent manquer d'absorber la quantité d'oxygène nécessaire à leur saturation.

Jusqu'ici nous avons raisonné dans la supposition que les rivières et les fleuves roulent seulement des eaux de source ; mais la pluie, en tombant, donne naissance à des torrents qui, s'ils ne font pas les fleuves, déterminent trop souvent leur grossissement subit, et entrent pour la plus grande part dans les ravages que ces derniers produisent par leurs inondations. Or, la pluie, c'est l'eau la plus pure et la plus aérée, et si les rivières en sont influencées, ce ne peut être qu'au profit des bonnes qualités de leurs eaux.

Toutefois il est pour les eaux courantes une autre condition à étudier. Partout où les rivières passent, dans les lieux qu'elles traversent, dans les grands centres de population qu'elles lavent, arrosent ou abreuvent, bon ou mauvais, elles entraînent tout ce qui leur est livré; et c'est, en définitive, dans leur lit que viennent se rendre et les saletés des rues et les immondices des égouts. Quelle influence délétère n'exercera pas sur leurs eaux cette réunion inévitable de tant de principes corrupteurs?... Ceci paraîtra paradoxal ; la vérité est pourtant que cette influence est nulle ou à peu près. Ainsi, pour la Seine, par exemple, l'analyse de son eau plusieurs fois répétée, et par des chimistes dont la compétence ne saurait être discutée, cette analyse, dis-je, n'a montré qu'une différence insignifiante dans les principes constituants, à la suite d'expériences rigoureuses faites avec de l'eau prise en amont et en aval, au-dessus de Paris et au-dessous, avant l'entrée de la rivière dans la ville et après sa sortie. (Consulter au chapitre VI le tableau des substances fixes contenues dans les différentes eaux analysées du territoire français et autres.)

On conçoit qu'il n'est question ici que de principes chimiques, de principes combinés, et que nous n'entendons nullement parler des matières étrangères que l'eau peut tenir en suspension. Ces matières, qui troublent la limpidité des eaux, abondent dans toutes les rivières, et elles leur donnent un aspect sale et repoussant qui éloigne trop souvent, et à tort, les populations de leur usage : je dis à tort, parce que ces matières n'étant point combinées, l'on a partout des moyens faciles de les éliminer.

Cette impossibilité de retrouver dans l'analyse des eaux de fleuve des traces manifestes des principes corrupteurs que les immondices semblent y introduire nécessairement, n'est pas aussi inexplicable qu'elle le paraît à la première vue. D'abord, les matières végétales ou animales qui composent les immondices et qui nous paraissent si abondantes dans les égouts sont en fort petite quantité, comparativement à la masse d'eau qui coule dans la Seine. Ensuite, elles arrivent au fleuve dans un état de décomposition plus ou moins avancée. Or, cette décomposition n'est que la séparation naturelle de leurs principes constituants : ce sont des gaz d'un côté qui s'évaporent et se combinent peu avec les eaux courantes, et, de l'autre côté, ce sont des principes fixes, ou non encore atteints par la décomposition, qui tombent au fond de l'eau, ou qui, par leur légèreté, y restent suspendus et se bornent à troubler sa transparence. Dans un pareil état de choses, la composition chimique n'est point altérée ; tous les changements portent sur la constitution physique seulement, et l'analyse chimique n'en peut rien dire.

CHAPITRE II

DES USAGES DE L'EAU

Art. I. L'eau comme boisson. — § 1er. Hors des repas, étanche la soif. — Expériences de Bichat, etc. — Les eaux chargées de sels. — Les eaux saumâtres. — § 2. Pendant les repas, délaye les aliments. — Digestibilité de l'eau. — Art. II. De la préparation des aliments : l'eau les attendrit. — Les eaux séléniteuses les durcissent. — Les infusions aromatiques. — Art. III. Propreté du corps. — Coutume des anciens. — Leur passion pour les bains. — Perspiration cutanée : Expériences physiologiques. — Du bain avec l'eau de puits. — Fonction de la nutrition. — Art. IV. De l'eau employée dans les industries diverses.

L'eau s'emploie 1° pour la boisson ; 2° pour la préparation des aliments ; 3° pour les besoins de propreté ; 4° c'est un élément essentiel dans l'exploitation de la plupart des industries.

L'eau intervient dans toutes les actions physiques, chimiques ou physiologiques. Elément constituant des tissus organisés et des fluides qui les baignent, *elle sert de véhicule* à tous les principes simples ou composés que le mouvement nutritif appelle à faire partie ou à sortir de la trame solide des organes et des divers produits de sécrétion ; et après avoir été, pendant la vie, l'agent indispensable de toutes les fonctions, c'est encore elle qui, après la mort, se trouve en quelque sorte chargée, en grande partie du moins, de restituer au règne inorganique les éléments que lui avaient empruntés les corps organisés pendant la courte durée de leur existence. (ALPH. GUÉRARD, *thèse pour la chaire d'hygiène*, Paris, 1852).

ARTICLE PREMIER

De l'eau considérée sous le rapport de la boisson.

§ 1er.

DE L'EAU PRISE HORS DES REPAS

Comme boisson, l'eau sert à étancher la soif. Parmi les causes qui provoquent la soif dans l'état de santé, la plus puissante est le besoin de réparer les pertes que le sang éprouve dans sa partie séreuse, diminuée par l'exercice des fonctions vitales ; les pertes liquides que le corps humain éprouve par la sueur, après des exercices violents ; par les urines ; par le séjour dans une atmosphère chaude et sèche, ont toujours pour résultat immédiat de provoquer à boire.

Il en est de même dans certains cas de maladie. L'hydropisie, qui fait perdre au sang toute sa sérosité, excite au plus haut degré le sentiment de la soif.

Les expériences de Bichat, Dupuytren, Orfila, etc., ont mis ces faits en évidence et en dehors de toute contestation.

Bichat, dans ses cours de physiologie, faisait remarquer que les boissons réclamées par la soif, ne recevant presque aucune altération du système absorbant, et ne paraissant avoir aucune action nutritive par elles-mêmes, semblaient dès lors uniquement destinées à réparer les principes aqueux du sang. Il avançait comme une conjecture propre à confirmer la même opinion, que très-probablement l'injection immédiate d'eau dans les veines parviendrait, par son mélange avec le sang veineux, à étancher la soif à la manière même des boissons introduites par les voies ordinaires. Or, ce que Bichat ne faisait que conjecturer, est devenu un fait d'expérimentation. C'est ainsi que M. Dupuytren a souvent apaisé la soif d'animaux soumis à ses expériences, et exposés plus ou moins longtemps à l'ardeur du soleil, en leur injectant de l'eau, du lait, du petit-lait et divers autres liquides, dans les veines. Cet ingénieux observateur, en variant les expériences de cette espèce avec des liqueurs propres à flatter le goût des chiens, ou à leur déplaire, s'est convaincu qu'il parvenait encore à leur donner, de cette manière, la même sensation gustative que celle qui serait résultée de l'application immédiate de ces liqueurs sur la bouche. Ces chiens lappaient, en effet, et passaient et repassaient leur langue sur leurs lèvres, lorsqu'on leur avait fait couler du lait dans la veine jugulaire, comme s'ils se fussent immédiatement désaltérés avec ce liquide.

Dans ses belles recherches de toxicologie, M. Orfila, ayant été obligé de lier l'œsophage à une multitude de chiens, afin de prévenir l'expulsion des poisons qu'il leur avait fait avaler, a été conduit, pour apaiser la soif qu'ils enduraient, et que suscitait la fièvre produite par la plaie assez grande de leur cou, à leur injecter de l'eau dans le sang au moyen d'une incision pratiquée à l'une des veines jugulaires. Ce moyen d'étancher la soif, qui était le seul que permettait la constriction de l'œsophage, fut employé un grand nombre de fois, et réussit constamment à désaltérer, pour ainsi dire sur-le-champ, les divers animaux sur lesquels il fut mis en usage. M. Orfila a constaté d'ailleurs, par des expériences faites à l'école d'Alfort, au moyen de la distillation du sang d'animaux auxquels on avait fait endurer la soif depuis un temps plus ou moins long, que la diminution de la partie séreuse de ce fluide était constamment en rapport avec la longueur de l'abstinence des boissons à laquelle les animaux avaient été soumis.

Si donc il ne s'agit que de restituer au sang et aux autres humeurs du corps le principe liquide qu'ils ont perdu, il est évident que l'eau remplira d'autant mieux cet objet qu'elle sera plus pure, c'est-à-dire plus dépouillée de tout principe étranger à sa composition.

Que si, au lieu d'être pure, elle est chargée de sels, comme l'eau de certaines sources et de la plupart des puits, ou bien, si elle est saumâtre, comme l'eau des marais et des étangs, il est évident que son rôle ne se bornera pas à délayer le sang et à rendre aux humeurs la fluidité qu'elles avaient perdue ; elle leur communiquera aussi des principes d'acrimonie ou de corruption qu'ils ne possédaient pas auparavant. Les eaux chargées de sels, en effet, n'apaisent pas la soif ; elles stimulent les glandes salivaires, échauffent la bouche et excitent à boire au lieu de rafraîchir.

C'est à ces sortes d'eau qu'il faut attribuer certaines maladies de la bouche et des dents : leurs sels irritent les gencives, déterminent le gonflement de la membrane qui tapisse les alvéoles dans lesquelles les dents sont implantées, et, repoussant celles-ci en dehors, les font tomber sans carie et dans un état presque parfait d'intégrité. Voilà pourquoi, dans tout pays où on n'a pour boisson que de l'eau de puits, il importe de ne s'en servir, pour laver la bouche, qu'après l'avoir soumise à l'ébullition; et les médecins judicieux ne manquent jamais d'en faire la recommandation expresse. L'ébullition produit sur ces eaux une action analogue à celle qui est déterminée par l'air et le soleil sur les eaux courantes; elle dégage l'excès d'acide qui tient les carbonates en dissolution, et diminue ainsi la quantité relative des sels.

Quant aux eaux saumâtres des marais et des étangs,

lors même qu'elles ne contiennent que des quantités minimes de substances organiques en putréfaction, elles ne sont jamais saines, et leurs effets nuisibles se manifestent à la longue : elles amènent peu à peu la débilitation des forces gastriques, la décoloration de la peau, des fièvres intermittentes, les engorgements des organes de l'abdomen et la faiblesse générale.

§ 2.

DE L'EAU PRISE PENDANT LES REPAS

Pendant les repas on boit pour délayer les substances solides introduites dans l'estomac, pour faciliter leur mélange, soit entre elles, soit avec les sucs gastriques, et pour rendre ainsi plus aisée l'action des organes digestifs sur les aliments. Pour remplir ce but, il faut donc que l'eau soit elle-même parfaitement digestible. Cette condition lui est donnée par son mélange avec l'air atmosphérique dont nous avons vu qu'elle absorbait l'oxygène avec une certaine avidité. L'eau qui ne contient point d'air atmosphérique, fût-elle d'ailleurs aussi pure que possible, est souverainement fade et indigeste.

Comme nous l'avons déjà fait observer, l'eau distillée, qui est bien la plus pure que l'on puisse se procurer, pèse sur l'estomac, et n'est pas bonne à boire.

ARTICLE II

De l'eau employée à la préparation des aliments.

On cuit les viandes et les légumes, soit pour les attendrir, soit pour en extraire les principes nutritifs sous forme liquide. Plus l'eau est pure, plus elle s'insinue avec facilité dans les interstices des substances avec lesquelles elle est mise en contact. Si elle est chargée de sels, les viandes s'attendrissent moins, et la saveur naturelle de leurs sucs est altérée ; quant aux légumes secs, ils restent coriaces et d'une difficile digestion. Cet effet des eaux sélétineuses sur les légumes est tellement frappant, qu'il constitue l'un des moyens caractéristiques de l'épreuve des eaux, et il n'est pas de cuisinier qui n'en connaisse l'importance. Je me souviendrai toujours qu'à Vienne, ce fut parmi les bons cuisiniers des grandes maisons que l'usage des eaux du Danube trouva ses premiers partisans ; et c'est seulement après avoir subi l'épreuve de la cuisine, que ces eaux, qui avaient contre elles l'habitude et toutes sortes de préjugés locaux, furent admises sur la table des princes, des ambassadeurs et des particuliers les plus distingués du pays.

On a cherché à expliquer pourquoi les eaux sélétineuses n'attendrissaient pas les aliments, et l'on a dit, pour les légumes secs, par exemple, que ces aliments absorbant d'abord une portion d'eau, laissaient à nu une quantité relative de sels terreux ; que ceux-ci bouchaient les pores des légumes en se déposant à leur surface, et empêchaient de pénétrer la quantité d'eau qu'il aurait fallu pour les diviser. Une autre opinion, purement chimique, consiste à dire que les légumes ne cuisent pas dans les eaux séléniteuses, parce que les substances alcalines qu'ils contiennent décomposent le sulfate de chaux contenu dans ces eaux, et que la chaux forme alors avec la matière végéto-animale de ces mêmes légumes un composé insoluble. On observe, et cela vient à l'appui de cette opinion qui appartient à Vauquelin, que les légumes verts, c'est-à-dire les légumes tels que les fournit le végétal avant leur entière maturation, cuisent bien dans l'eau de puits, car alors ils cuisent dans leur propre eau de végétation.

La présence des sels dans l'eau est donc un grand obstacle à la cuisson des aliments ; mais c'est surtout quand on veut préparer des infusions délicates, comme le thé et le café, que l'influence des eaux séléniteuses devient manifeste ; le café perd son arôme, sa saveur native, et le thé n'est plus qu'une tisane acerbe et sans parfum. C'est que, dans toute infusion, l'eau ne doit servir que d'excipient, de véhicule, de moyen d'extraire des propriétés fugaces qui n'ont de valeur et d'attrait que par leur pureté. Si l'eau qu'on met en usage n'est pas complétement neutre, si elle contient des sels, ceux-ci se prêtent à des combinaisons chimiques dont l'analyse ne donne pas toujours la raison, mais que les palais délicats saisissent parfaitement.

ARTICLE III

De l'eau appliquée à l'entretien de la propreté du corps.

Les anciens ne connaissaient pas ce que nous appelons le linge de corps; ils ne portaient pas de chemise, et les plus belles dames de la Grèce et de Rome n'avaient aucun vêtement intermédiaire entre leur robe et la peau. Nos matelots, avec leurs chemises bleues, sont mieux partagés qu'Alcibiade et Périclès. Epaminondas, dont la garderobe n'était pas trop bien fournie, quand il envoyait son manteau aux foulons, restait au logis, attendant qu'il fût dégraissé. Les lits aussi, chez les anciens, étaient sans linge. On couchait à nu sur des matelas qui s'imprégnaient à la longue des diverses malpropretés du corps. Telle est la cause qui les faisait courir aux bains avec tant d'avidité. Ils en faisaient un usage quotidien, les prenant le soir, avant leur repas principal, qui était la cène, *cœna;* non pas tant pour se délasser des fatigues de la journée, que pour débarrasser le corps des impuretés qui s'y amassent continuellement.

Nous avons sur les anciens l'avantage du linge de chanvre et de coton qu'ils ne connaissaient pas ou qu'ils ne savaient pas employer; mais parce qu'il nous est facile de changer de linge, cela ne nous doit pas dispenser de l'usage des lotions et des bains.

Pour bien comprendre l'importance des pratiques de propreté, il faut se rendre compte d'une chose. La surface de la peau est le siége d'une exhalation très-abondante que les physiologistes ont appelée perspiration cutanée. Son but, dans l'économie, est de dépurer le sang, de concourir ainsi à la décomposition, et de servir en même temps à l'entretien de la température du corps. C'est un *halitus*, un fluide vaporeux très-visible dans certains cas, comme lorsqu'on applique une partie de la peau à la surface d'une glace ou de tout autre corps bien poli ; quelquefois même, en hiver principalement, on la voit se dégager comme une fumée.

La perspiration cutanée forme donc autour du corps une sorte d'atmosphère particulière que l'air dissout et que les vêtements absorbent. Elle est produite par les nombreux vaisseaux exhalants qui entrent dans la composition de la peau et qui, aboutissant à sa surface externe immédiatement au dessous du derme, la rejettent d'une manière continue, par un mécanisme commun à toutes les exhalations.

On a fait beaucoup de recherches dans le but d'évaluer la quantité de perspiration cutanée. Sanctorius, à Venise, s'établit pendant trente ans dans une balance, pesant avec exactitude, d'un côté, toute la nourriture qu'il prenait, et de l'autre, le produit de ses excrétions sensibles. Lorsque son corps était revenu à un poids qu'il avait primitivement noté, il les comparait entr'elles et il considérait comme transpiration insensible tout ce qui manquait aux excrétions pour égaler la nouriture. Il crut voir de la sorte que la transpiration insensible constituait à elle seule les cinq huitièmes de nos pertes. Dodart en France, Robinson en Écosse, Gorter en Hollande, Linnings dans la Caroline méridionale, expérimentèrent sur les mêmes bases, et obtinrent tous des résultats différents.

Toutefois, ces expériences furent utiles en ce qu'elles servirent à faire connaître d'une manière générale les variations que la perspiration cutanée présente selon les âges, les climats et les saisons. Ainsi l'on reconnut que dans la vieillesse l'urine prédominait ; que dans l'enfance c'était la perspiration cutanée ; que pendant les mois chauds, la perspiration est à l'urine dans le rapport de cinq à trois ; dans les mois froids, de deux à trois : avril, mai, octobre, novembre, décembre, donnèrent des rapports égaux entre ces deux excrétions.

Lavoisier et Séguin, qui expérimentèrent les derniers sur cette matière, reconnurent que la plus forte quantité de transpiration est de trente-deux grains par minute ; trois onces, deux gros quarante-huit grains par heure ; cinq livres par jour. La moindre quantité est de onze grains par minute ; une livre onze onces quatre gros par jour. Elle est à son *minimum* pendant la digestion, et à son *maximum* après l'accomplissement de cette fonction : les mauvaises digestions la diminuent.

Les expériences de Lavoisier et Séguin furent les plus précises ; ils séparèrent en effet la perspiration de la peau, de la perspiration du poumon, circonstance qui n'était point entrée dans les travaux faits avant eux.

Mais, quelque rigueur qu'on y ait mis, il était impossible d'arriver à des nombres exacts, parce que rien n'est plus variable que cette exhalation de la peau. L'âge, le sexe, les tempéraments, les climats, les saisons la modifient. Ainsi, abondante et acidule chez l'enfant, médiocre et musquée chez le pubère, âcre et rare chez le vieillard, elle est en plus grande quantité chez l'homme que chez la femme.

Quoi qu'il en soit, l'analyse chimique démontre, dans le produit de la perspiration, de l'acide acétique, un peu de matière animale, des chlorures de sodium et de potassium, un phosphate terreux et de l'oxyde de fer (Orfila). Ce sont toutes ces substances qui, se fixant sur la peau, nécessitent l'usage des bains et de fréquents changements de linge. Quand on les y laisse séjourner, la peau s'irrite, devient le siège de démangeaisons plus ou moins cuisantes et de toutes les maladies qui ont pour cause la malpropreté.

Mais on comprend que quand l'eau employée pour les lotions dont nous parlons, et pour les bains, n'est pas pure, quand elle contient des sels, elle vient ajouter elle-même aux inconvénients qui résultent du dépôt des produits de la perspiration. C'est une expérience, au reste, que tout le monde peut avoir eu l'occasion de faire. Un bain pris, avec de l'eau de puits, laisse la peau rude et échauffée, tandis que le même bain, préparé avec de l'eau de pluie ou de rivière, la rafraîchit et la rend douce comme du satin.

Nous laissons de côté un autre phénomène physiologique : l'excrétion de cette humeur grasse et huileuse qui conserve à la peau sa souplesse habituelle et qui est très-abondante dans certaines parties du corps. L'accumulation de cette humeur exige aussi des soins de propreté qu'on ne peut bien satisfaire qu'avec une eau douce, légère, et par conséquent dépourvue de sels.

Nous avons dit que l'eau introduite dans l'économie animale avait pour but de dépurer le sang et de concourir ainsi à la *décomposition*. Quelques détails sur la fonction physiologique dont la décomposition fait partie ne seront point inutiles.

La nutrition du corps s'exécute par deux actions, dont l'une est *composante* et l'autre *décomposante*. Par la première, chaque organe puise, dans le sang artériel, et s'assimile les éléments nécessaires à son entretien; par la seconde, il se débarrasse des matériaux usés qui ont déjà servi à sa conservation. Le corps humain, comme tous les corps organisés, ne peut pas en effet acquérir sans cesse d'un côté, s'il ne perd proportionnellement de l'autre. S'il n'y avait pas de balancement entre la composition et la décomposition, il y aurait de toute nécessité accroisssement indéfini ; or, les limites de l'accroissement sont fixées. Toutefois, l'équilibre n'est parfait que dans l'âge adulte, et il ne dure qu'un temps déterminé. Ainsi, dans le premier âge, c'est l'action de composition qui domine; l'enfant acquiert beaucoup plus qu'il ne perd. Dans la vieillesse, au contraire, l'action de décomposition prend le dessus, et le vieillard ne parvient jamais à réparer que d'une manière incomplète ce qu'il a perdu.

Cela posé, il faut savoir que les réparations et les pertes se font, sous certains rapports, par l'intermédiaire de la peau qui revêt toute la surface du corps, et aussi par le moyen de la membrane muqueuse qui tapisse les ramifications pulmonaires, c'est-à-dire que la surface interne des poumons et la surface externe du corps envoient continuellement au dehors, sous forme d'exhalation, les parties les plus subtiles des matériaux usés.

ARTICLE IV

De l'eau employée dans les industries diverses.

Notre intention n'est point d'entrer ici dans le détail de toutes les industries qui trouvent dans l'eau un de leurs principaux éléments; ce détail nous entraînerait trop loin. Nous devons nous borner à signaler la circonstance de quelques-unes de ces industries qui exige, dans l'eau qu'elles emploient, des conditions plus ou moins précises de clarification et de pureté.

A. Dans les *machines à vapeur*, l'eau qui alimente les chaudières doit jouir de la plus grande pureté possible; car cette eau étant destinée à se vaporiser, si elle contient des sels, de quelque nature qu'ils soient, ceux-ci se déposeront sur les parois de la chaudière, s'y incrusteront et pourront donner lieu à de terribles explosions. C'est là, du reste, une cause qui a été trop souvent signalée pour qu'il soit nécessaire d'y insister.

« Il est bien rare, dit Arago, que l'eau dont on se sert pour alimenter les chaudières soit pure. Le plus souvent cette eau contient des matières salines qui se déposent pendant l'ébullition, et finissent par former sur les parois intérieures une croûte pierreuse dont l'épaisseur va croissant chaque jour. Tant que cette croûte n'existait pas, la chaleur absorbée par le métal se transmettait très-rapidement à l'eau, et les parois de la chaudière n'acquéraient jamais une température très-élevée; mais dès qu'une substance peu conductrice, comme le sont toutes les matières pierreuses, tapisse la chaudière, la chaleur ne parvient à l'eau qu'avec beaucoup de lenteur: les parois métalliques recevant du foyer, à chaque instant, plus de calorique

que le dépôt pierreux ne leur en enlève, deviennent de plus en plus chaudes, et finissent même par arriver quelquefois à la température rouge ; or il faut remarquer que ce n'est pas là seulement l'occasion d'une grande perte de chaleur, car les métaux incandescents ayant très-peu de ténacité, les explosions deviennent alors imminentes. Tout le monde verra aussi sans difficulté combien il faut craindre, quand la chaudière est rouge, que l'eau comparativement très-froide qu'elle renferme ne vienne à se répandre sur sa surface par quelque fissure de la croûte pierreuse. Dans cette circonstance, une chaudière de fonte craquerait probablement à l'instant. Quant aux chaudières composées de plaques malléables, si elles ne cédaient pas à la pression, elles éprouveraient du moins les tiraillements les plus fâcheux. J'ajouterai enfin, que les portions métalliques qui rougissent s'oxydent et se détériorent très-promptement. Comme exemple, je pourrais citer la chaudière destinée au chauffage de la Bourse de Paris, dont la paroi intérieure se troua dans la partie où, par mégarde, un ouvrier avait intérieurement laissé un chiffon.

» On voit à quel point il importe que la chaudière soit bien nettoyée. Dans les bateaux à vapeur qui emploient l'eau de mer, l'enlèvement du dépôt salin doit être effectué toutes les vingt-quatre heures au moins. Quand l'eau d'alimentation est pure, on peut ne faire cette opération qu'à de grands intervalles. On ne saurait sur cela donner de règles générales ; c'est à l'ingénieur de voir expérimentalement de quelle manière et avec quelle rapidité les éléments salins se précipitent des eaux qu'il est forcé d'employer. » (*Sur les explosions des machines à vapeur*, par F. Arago.)

Dans les machines à condensation, l'eau séléniteuse engorge aussi plus ou moins promptement le système des soupapes, et tous les constructeurs s'empressent de la répudier et d'y substituer l'eau de pluie ou de rivière, quand les localités ou les circonstances leur en offrent la facilité.

B. *Amidonniers*. La fabrication de l'amidon, de l'empois et des fécules diverses, est, sous plusieurs rapports, une opération chimique pour l'exécution de laquelle l'eau pure est d'une très-grande utilité. Les sels, en se déposant sur les grains de fécule, en altèrent les propriétés et empêchent les empois de bien cuire et de conserver tout leur liant.

C. *Baigneurs*. Nous avons déjà parlé de l'action des eaux dures sur la peau et de leur peu d'aptitude à nettoyer le corps ; l'industrie du baigneur ne peut donc s'exercer avec avantage et sécurité qu'avec des eaux courantes.

D. *Boulangers*. Le pain contient un quart et même un tiers de son volume d'eau. Si, comme nous l'avons déjà dit, une substance malsaine prise tous les jours, quoiqu'en très-petite quantité, a de grands inconvénients, il est évident que la santé publique est gravement intéressée à ce que les boulangers ne se servent point d'eaux suspectes; car, que l'on introduise dans le corps humain des principes malfaisants sous forme solide avec le pain, ou sous forme liquide avec la boisson cela est indifférent au résultat final.

E. *Blanchisseurs*. Pour l'exploitation de cette industrie, qui touche d'ailleurs de si près à l'économie domestique, il importe surtout d'avoir une eau qui dissolve parfaitement le savon. L'expérience a appris depuis longtemps que les eaux de pluie et de rivière sont celles qui remplissent le mieux cet objet. Nous ferons remarquer, à ce propos, que cette propriété de dissoudre le savon en entraîne d'autres avec elle; et que, quand on rencontre dans la nature une eau qui la possède, cette eau est presque toujours propre à la plupart des usages de l'économie domestique. Je dis presque toujours, parce qu'il faut excepter de cette règle les eaux des marais et des étangs, qui jouissent bien de la propriété de dissoudre les savons, mais qui, par l'effet de certaines circonstances que nous avons déjà mentionnées, sont impures et malsaines.

La possibilité de dissoudre le savon dans une eau donnée, doit donc, à bon titre, être regardée comme l'un des signes caractéristiques les plus significatifs de ses bonnes qualités.

F. *Brasseurs*. L'action de l'eau dans la fabrication de la bière a pour objet l'extraction des principes solubles de l'orge et du houblon. D'abord, l'eau chargée de sels est infiniment moins dissolvante que les eaux de pluie et de rivière ; elle épuise beaucoup moins ces deux substances ; et, pour le houblon surtout, qui est assez cher en tous pays, il y a, dans l'emploi d'une eau légère et pure, un élément d'économie très-sensible que les brasseurs éclairés ne négligent pas. De plus, comme la bière est une liqueur destinée à la boisson, les raisons puissantes de salubrité, déjà articulées à propos du pain et des boissons en général, viennent encore ici commander la préférence dont nous parlons.

G. *Confiseurs.* Les confiseurs aussi ont besoin d'eau pure, s'ils ne veulent pas que les qualités sapides de leurs sirops soient altérées ou transformées. Toutefois, relativement à la salubrité, l'inconvénient de la présence des sels n'est pas aussi grand, à l'égard de leurs produits, que pour la bière : uniquement parce que l'usage n'en est pas aussi fréquent, ni aussi abondant.

H. *Laveurs de laine.* La laine est soumise à plusieurs lavages avant d'être transformée en tissu. On la lave sur le dos de l'animal vivant, pour lui enlever les ordures et la crasse qu'elle contient toujours en plus ou moins grande quantité : on la lave après la tonte pour la débarrasser de son *suint ;* enfin, on la lave encore en fabrique pour la rendre apte à bien prendre les couleurs. Pour tous ces lavages, l'eau doit avoir au moins la propriété de dissoudre le savon, et, par conséquent, on doit la puiser dans une rivière ou dans un étang.

I. *Liquoristes*. Cette profession est comme celle des confiseurs ; elle emploie beaucoup de sucre en sirops.

K. *Fabricants de papier*. Dans cette industrie, l'eau doit être, avant tout, aussi claire que possible, afin que la pâte conserve toute sa blancheur, ce qui n'aurait pas lieu avec une eau sale ; et aussi, afin que le papier conserve toute la finesse et la douceur de grain dont il est susceptible, qualité qu'il ne peut point acquérir quand l'eau dépose à sa surface des cristaux salins.

L. *Fabricants de papier peint*. La pureté chimique de l'eau est exigée ici pour que l'éclat des couleurs ne soit point altéré par les combinaisons que leurs éléments pourraient former avec les sels contenus dans l'eau.

M. *Maçons*. Les maçons aussi ont besoin d'eau de pluie ou de rivière pour fabriquer leurs mortiers. Cette nécessité est surtout sensible à Venise, où l'expérience a prouvé que l'eau de la lagune était impropre à la construction. Cette circonstance a déterminé certaines lois de police relativement aux fondations des maisons et des édifices de toute espèce.

A ce propos, nous ferons une réflexion qui paraîtra singulière, mais qui n'en est pas moins fondée. Certainement, on ne peut pas établir de comparaison entre les eaux de puits les plus chargées de sels et l'eau de la mer, pas plus qu'il ne peut exister de similitude, ni même d'analogie, entre la fabrication d'un mur et la composition du corps de l'homme : toutefois, si les sels de l'eau de mer, employée dans les bâtisses, détruisent ces dernières en se déposant entre les molécules du mortier, les sels des eaux de puits dont on fait, dans certains pays, la boisson ordinaire, et dont la masse s'accroît chaque jour davantage dans l'économie humaine par le fait de leur usage journalier, ces sels, dis-je, sans cesse accumulés dans le corps, (car, il ne faut pas croire qu'ils soient toujours complétement éliminés) doivent y introduire des éléments de destruction, en se mêlant à la trame des organes, ou en irritant leur tissu.

N. *Fabricants de porcelaine*. On prétend que les eaux crues et dures, telles qu'on les rencontre dans les puits, ne donnent point à la pâte de porcelaine le liant exigé pour une bonne fabrication.

O. *Fabricants de produits chimiques et de couleurs.* Ici, plus que partout ailleurs peut-être, la pureté chimique de l'eau est une condition de nécessité première, soit à cause de la facilité avec laquelle les eaux chargées de sels se prêtent à des combinaisons qui ne sont point celles que recherche le fabricant; soit parce que, pour corriger les défauts de pareilles eaux, il faut une complication de procédés qui augmentent les frais de la main-d'œuvre.

P. *Fabicants de savon*. Le savon est le résultat de la

combinaison des acides qui sont contenus dans les huiles et les graisses avec des oxydes métalliques ou alcalis, tels que la potasse et la soude. L'eau est un intermédiaire indispensable dans sa composition; elle sert à dissoudre, c'est-à-dire à diviser les particules alcalines, et à multiplier leurs points de contact avec les molécules des corps gras. Mais, son rôle ne se borne pas seulement à servir d'intermédiaire ou de simple auxiliaire, elle fait partie essentielle de la combinaison; car, c'est de la réunion triple de l'eau, de l'alcali et de l'huile, ou du corps gras, que résulte ce liquide visqueux, dont l'épaississement graduel devient le savon proprement dit.

On jugera de l'affinité que le savon a pour l'eau; quand on saura que le savon blanc, qui, étant fait avec conscience et habileté, est le meilleur de tous, peut admettre jusqu'à 60 pour 100 d'eau, et que les fabricants trouvent dans cette addition exagérée, mais non nuisible à la bonne qualité, un moyen de fraude très-lucratif, par suite de l'augmentation de poids et de volume qui en résulte. Le savon marbré, au contraire, n'en peut admettre que trente parties, et c'est celui auquel les consommateurs éclairés et justement défiants donnent la préférence.

On comprend, du reste, que, dans une fabrication comme celle-ci, qui repose essentiellement sur des réactions chimiques, il ne faut employer, comme intermédiaire et dissolvant, qu'un liquide dont les éléments ne puissent pas donner lieu à des combinaisons hétérogènes. Car, encore bien que l'on pût, par une opération préparatoire, éliminer de l'eau tous les sels dont on redouterait la présence, toujours est-il que l'expulsion de ces sels, en augmentant les prix de fabrication, priverait l'industriel d'un bénéfice réel que l'eau de pluie ou de rivière lui assure complétement.

Q. *Fabricants de sucre et raffineurs*. Dans la fabrication du sucre, soit en Europe avec les betteraves, soit aux colonies avec la canne, il y a une opération appelée *défécation*, qui consiste, ou bien à mêler le jus avec environ 1/2 p. 0/0 d'eau acidulée et 250 grains d'acide sulfurique étendu de 8 parties d'eau pour 500 parties de jus, ou bien à le traiter par du lait de chaux. Pour préparer l'eau acidulée ou le lait de chaux (eau mêlée de chaux en quantité suffisante pour la blanchir), le bon succès de l'opération exige que l'eau dont on se sert soit aussi pure que possible.

Dans l'opération du raffinage, l'eau sert à dissoudre le sucre pour le transformer en sirop, avant de le passer aux filtres; elle sert encore, après la cristallisation, pour l'opération du *terrage*. Si, dans ces deux opérations, on emploie de l'eau chargée de sels, il est hors de doute que les cristaux salins seront retenus avec les cristaux du sucre et altèreront la saveur de ce dernier, tout en lui conservant le degré de blancheur que le fabricant aura voulu lui donner.

On peut se faire une idée assez exacte de ce qui se

passe dans la cristallisation des sels contenus dans l'eau, en comparant les résultats fournis par l'évaporation d'une goutte d'eau de puits et d'une goutte d'eau de rivière, à la surface d'un verre de montre. La goutte d'eau de puits donne lieu à un dépôt de cristaux très-apparents et fort difficiles à détacher du verre ; la goutte d'eau de rivière ne laisse qu'un peu de poussière d'autant moins abondante que le procédé de clarification auquel on soumet ordinairement les eaux courantes est plus parfait. Or, ce sont justement ces cristaux de l'eau de puits qui, sans changer la couleur des produits de la fabrication, sans leur ôter rien de leur bel aspect, les privent en grande partie de leur qualité fondamentale, qui est le développement de la saveur sucrée. Il y a beaucoup de contrées en Europe où certainement cette seule circonstance tient l'industrie des sucres dans un état permanent d'infériorité.

R. *Tanneurs*. Dans la fabrication des cuirs, il y a deux raisons pour lesquelles on est forcé de tenir compte du degré de pureté des eaux employées. Quand les peaux sont mises en fosse, en contact avec le tan mêlé d'eau, il se passe deux choses : le tan pénétré par l'eau abandonne le tannin, et cette substance vient s'introduire dans les interstices de la peau déjà gonflée par des préparations préliminaires nombreuses. Dans un pareil état des choses, si l'eau est chargée de sels, 1° elle est moins dissolvante et l'écorce ne cède pas tout son tannin, ce qui est une cause de perte directe pour le fabricant ; 2° les sels viennent dans les interstices de ces peaux prendre la place du tannin, et constituent les produits du fabricant dans un état d'infériorité relative.

S. *Teinturiers*. L'art du teinturier exige des eaux pures sous tous les rapports, sous le rapport physique aussi bien que sous le rapport chimique. Si elles sont chargées de sels, elles altèrent les principes colorants qu'on y met en dissolution; si elles ne sont pas parfaitement limpides, si elles sont tant soit peu louches, elles ternissent les couleurs et leur enlèvent tout éclat.

Les eaux de la Bièvre tant vantées, quand par hasard elles contiennent des sulfures, ce qui leur arrive lorsqu'elles ont été renfermées dans des citernes, ne valent rien pour être mêlées au sulfate d'indigo (Chevreul).

Nous ne poursuivrons pas plus loin cette énumération fort incomplète des professions et des arts qui trouvent dans l'eau un aliment important et qui exigent dans ce liquide des conditions de pureté plus ou moins absolues. Ce que nous en avons dit nous paraît devoir suffire à motiver les conséquences qui font l'objet final de ce chapitre.

CHAPITRE III

CARACTÈRES ESSENTIELS DES EAUX PUBLIQUES

Criterium de la valeur des eaux publiques. — Un préjugé à détruire. — L'eau doit être neutre. — Définition et énumération de ses propriétés essentielles. — Qualités de l'eau qui les possède. — Ce qui manque aux bonnes eaux de source. — L'air agit par son oxygène. — Un mémoire et des expériences de M. Chevreul. — La cinquième leçon de la Chimie de M. Malaguti.

Les considérations que nous avons exposées dans le chapitre précédent, en donnant la raison de l'utilité spéciale que l'entretien de la santé, l'économie domestique et les industries diverses recherchent dans l'eau, nous ont par cela même fourni le moyen de déterminer les caractères qu'elle doit avoir.

Puisque dans tous les cas où on l'emploie, l'eau ne sert que d'excipient, de dissolvant, de véhicule ; pour remplir son objet d'une manière complète, il faut donc qu'elle soit complétement inerte ; que par ses qualités propres, elle n'ajoute rien, et n'ôte rien aux propriétés des substances qu'on lui confie.

Tel est le *criterium* de sa valeur, la règle qu'il faut

suivre, la loi qu'il faut respecter. Cette loi est simple et claire : elle dérive de la nature des choses; l'expérience et l'observation l'ont dictée; en la respectant on va droit au but que l'on poursuit.

A une époque où l'on discutait la valeur des sources dont la ville de Lyon pouvait emprunter les eaux, un chimiste composa un livre pour démontrer qu'il fallait préférer aux eaux du Rhône celles de plusieurs sources peu éloignées, qui contenaient en dissolution des sels favorables à la teinture de la soie. Ce chimiste ignorait les principes.

D'autres ont affirmé que les carbonates de chaux et de magnésie, loin de nuire à la qualité de l'eau, la rendent saine et agréable. Ceux-là ont aussi méconnu les principes. Nous examinerons cette opinion avec détail dans le chapitre suivant.

Et, en effet, une eau destinée à tout le monde et à tous les usages domestiques et industriels, ne doit pas avoir des propriétés qui la rendent susceptible d'altérer en aucune façon les qualités des substances qu'on lui confie. Si l'on a à choisir entre plusieurs eaux, il faut donc prendre la plus neutre et ne pas établir des préférences fondées sur la présence de tel ou tel sel, agréable à tel goût, favorable à tel tempérament, propre à telle teinture; parce qu'il y a d'autres goûts, d'autres tempéraments et d'autres teintures, pour lesquels ces mêmes sels peuvent être un inconvénient et même un danger.

C'est pour cela que les eaux publiques doivent être neutres.

Les propriétés de l'eau neutre, de l'eau qui réunit les conditions dont il vient d'être parlé, sont les suivantes :

1° Elle apaise la soif sans exciter à boire, mouille bien la bouche et le palais et ne pèse point sur l'estomac ;

2° Elle s'échauffe et bout facilement, sans se troubler ni écumer, s'évapore promptement et sans laisser de résidu manifeste ; se rafraîchit très-vite ;

3° Elle cuit bien les légumes et ne les durcit pas ; extrait avec facilité les principes aromatiques des plantes, telles que le thé, sans altérer aucunement leur saveur ;

4° Elle dissout le savon et blanchit parfaitement le linge ;

5° Elle adoucit la peau et la nettoie sans la dessécher ni l'irriter.

L'eau qui jouit de ces propriétés est légère, limpide, elle mousse tant soit peu par l'agitation ; elle n'a ni couleur ni odeur sensibles ; elle n'a pas de goût particulier, et les vins auxquels on la mêle n'en sont point altérés ni dans leur sève, ni dans leur bouquet, ni dans leur couleur.

Or, ces qualités se rencontrent le plus généralement dans les eaux de pluie et de riviére, et elles y existent proportionnellement, en raison directe, de la quantité d'air et inverse des principes fixes que les circonstances y ont introduit.

Il y a bien quelques eaux de source qui réunissent la plupart de ces qualités ; ce sont celles qui ont traversé un sol rocailleux ou sablonneux qui n'a pu leur céder aucun principe soluble. Les autres sources sont dans les conditions qu'a dites Pline, il y a vingt siècles : *quippè tales sunt aquæ, qualis terra per quam fluunt* (C. Pline, liv. xxxi, ch. iv). Mais, même dans les conditions les plus favorables, on peut assurer que les eaux de source contiennent une quantité d'air relativement moindre que l'eau de rivière ou de fleuve, et par conséquent que l'eau de pluie. En tout cas donc, et les choses égales d'ailleurs, ces dernières doivent obtenir la préférence.

Cette condition si précieuse de la présence de l'air dans l'eau diminue de beaucoup le mérite des eaux jaillissantes que l'on va chercher à grand'peine dans les profondeurs de la terre à l'aide de sondages très-dispendieux. Ces eaux en jaillissant à travers des conduits qu'elles remplissent complètement, ne commencent à éprouver l'action vivifiante de l'air que lorsqu'elles arrivent à la surface du sol. A de grandes profondeurs, les nappes d'eau qui alimentent les puits forés, en supposant qu'elles ne garnissent pas entièrement les cavités où elles séjournent, ne sont point en contact avec un air identique à celui de notre atmosphère ; et, dans le cas contraire, il est à présumer que cet air n'est pas assez souvent renouvelé pour se dissoudre dans l'eau, dans les proportions que présentent les eaux de pluie, les eaux de rivière, et même les eaux de source potables.

L'air exerce son action principalement par l'oxygène qui fait partie de sa composition. A ce sujet nous rappellerons que M. Chevreul a émis des idées particulières qui méritent toute l'attention des hygiénistes. Nous ne saurions analyser son travail à cause de sa concision extrême, et aussi parce que les considérations qui lui servent de base sont purement scientifiques. Ceux de nos lecteurs qui voudraient l'étudier le trouveront *in extenso* dans les mémoires de la société impériale et centrale d'agriculture pour l'année 1853. Il est intitulé : *Mémoire sur plusieurs réactions chimiques qui intéressent l'hygiène des cités populeuses* (1).

La cinquième des *leçons élémentaires de chimie* de M. Malaguti est consacrée à l'histoire de l'eau. Le savant doyen de la faculté des sciences de Rennes parle

(1) Tout le monde connaît l'influence que les découvertes de M. Chevreul ont exercée sur la création et les progrès de plusieurs branches de l'industrie française. Quelques-unes de ses expériences remontent à 1824. Mais il a lu son mémoire, en 1846, à l'Académie des sciences; et il ne l'a imprimé qu'en 1853.

Qu'il nous soit permis de dire ici que déjà en 1841, dans l'*Essai sur les eaux publiques*, dont le présent travail est une édition nouvelle, nous avions eu l'occasion d'établir, sur la condition des eaux, des principes semblables à ceux que M. Chevreul est venu cinq ans plus tard consacrer et fortifier des données d'une chimie à la précision de laquelle rien ne saurait échapper.

du sujet qui nous occupe dans les termes suivants :

« *Eaux potables naturelles.* — Depuis longtemps on a classé les eaux douces naturelles, selon leur pureté, en les divisant en quatre groupes distincts : l'eau pluviale, — l'eau de rivière, — l'eau de source, — l'eau de puits.

« On divise encore, tout aussi empiriquement, les eaux potables en eaux *légères* et en eaux *lourdes ;* les premières sont les seules qui soient potables par excellence.

« *Caractère des eaux dites légères et des eaux dites lourdes.* — Une eau légère, dans son acception populaire, doit être bien aérée, puisque toute eau a la propriété de dissoudre une certaine quantité des éléments de l'air (azote et oxygène). En effet, si l'on chauffe un matras rempli de la première eau venue et communiquant, par son tube également rempli d'eau, avec une éprouvette renversée sur le mercure, on voit des bulles gazeuses se dégager et monter dans l'éprouvette. Ce ne sera qu'après plusieurs minutes d'ébullition que le dégagement gazeux cessera tout à fait : mais la quantité d'air qui se dégagera pourra varier considérablement. Une eau *légère* donne par litre 28 à 30 centimètres cubes de gaz, dans lequel l'oxygène sera en quantité plus forte que dans l'air ordinaire ; le gaz acide carbonique n'y manquera jamais.

« Si l'on cherche les matières fixes dissoutes dans une eau légère, on trouve qu'elles consistent très-souvent en une petite quantité de bicarbonate d'oxyde de calcium, de chlorures alcalins, de sulfates d'oxydes de calcium et de magnésium, et de chlorures de ces mêmes métaux. Généralement, le poids total de tous ces sels ne dépasse guère 0^{gr}, 1 à 0^{gr}, 2 par litre. Quant aux matières organiques, elles n'en contiennent point, ou du moins elles en contiennent des proportions très-faibles ; *(en outre, elles doivent être agréables au goût, fraîches en été et point glacées en hiver ;)* elles doivent conserver leur limpidité malgré l'ébullition, bien dissoudre le savon et bien cuire les légumes.

« Au contraire, dans une eau lourde ou crue, on trouve souvent ou des quantités exagérées de bicarbonate de chaux et de chlorures alcalins, ou bien encore des quantités relativement très-fortes des autres sels. Souvent elles renferment beaucoup de matières organiques, elles se troublent presque toujours par l'ébullition, elles ont un goût fade, produisent beaucoup de grumeaux en dissolvant le savon, et se prêtent rarement à la cuisson des légumes. »

Dans le résumé qui fait suite à chaque leçon et qui a pour objet de concentrer, dans un petit nombre de lignes, ce qui doit rester de la leçon dans l'esprit de l'élève, M. Malaguti ne mentionne point les caractères que nous avons soulignés. Il dit seulement : « Les eaux « potables doivent être aérées et contenir de faibles « quantités de sels et peu ou point de matières orga- « niques. »

C'est qu'en réalité les questions de saveur et de température sont des questions relatives, elles ne peuvent point servir de base à des caractères généraux qui tirent toute leur valeur de leur stabilité et de leur permanence.

CHAPITRE IV

DE L'EAU CONSIDÉRÉE AU POINT DE VUE CHIMIQUE

Composition de l'eau. — L'auteur de sa découverte. — Question jugée par Berzélius. — Macquer, Wartlire, Cavendish, Watt et Priestley. — Expériences de Lavoisier : de M. Dumas. — Altération de l'eau pure au sein de la terre. — M. Ossian Henry.

La découverte de la composition de l'eau pure est due à Lavoisier. Les Anglais ont prétendu s'en attribuer le mérite : Berzélius a jugé le procès en dernier ressort ; son jugement est très-explicite et il est resté sans appel ; en voici les termes : « On peut dire avec « toute justice que Watt et Cavendish s'étaient appro- « chés bien près du but, mais que Lavoisier seul l'a « atteint. Watt, Cavendish et Priestley envisageaient « l'oxygène, l'hydrogène et l'eau comme des états dif- « férents d'un seul et même corps pondérable ; Lavoi- « sier prouva que l'eau est composée de deux corps « pondérables particuliers, et *c'est précisément en cela* « *que consiste la découverte.* »

L'hydrogène avait été découvert par Cavendish et

l'oxygène par Priestley; mais, pour l'un et pour l'autre, l'eau était toujours restée un *élément*. La science, à son égard, n'était pas sortie de la théorie célébrée dans ces vers d'Ovide.

> Quatuor æternus genitalia corpora mundus
> Continet. Ex illis duo sunt onerosa, suoque
> Pondere in inferius, *tellus* atque *unda*, feruntur.
> (Ovide, *Métam.* liv. XV.)

Le fait qui marqua le premier pas en avant fut observé par Macquer en 1776. Il avait mis une soucoupe de porcelaine blanche sur une flamme de gaz hydrogène; il vit qu'à l'endroit léché par la flamme, il se déposait des gouttelettes d'eau, sans accompagnement de fumée ni de suie. Macquer enregistra le fait, se contentant de s'assurer que les gouttelettes étaient bien de l'eau, qu'elles n'avaient pas d'autre origine que la flamme de l'hydrogène : il n'alla pas plus loin.

En 1781, Wartlire enferma de l'air et de l'hydrogène dans un ballon en cuivre; il voulait savoir si la chaleur était ou non pesante. Il brula le gaz avec l'étincelle, et il constata une perte de poids et la précipitation d'un peu d'humidité sur les parois du vase. Mais cette dernière circonstance, le *dépôt d'humidité*, avait été observée avant lui par Priestley, comme Wartlire en témoigne lui-même.

En 1783, Cavendish répéta l'expérience de Wartlire, et comme lui, il obtint de l'eau par la détonation d'un mélange d'oxygène et d'hydrogène, sans en rien conclure de bien positif. Au mois d'avril de la même année, Priestley démontra que l'eau déposée sur les parois du ballon représentait en poids les deux gaz. Il communiqua ce fait important à Watt, qui en conclut « que l'eau était un composé des deux gaz, oxygène et « hydrogène privés d'une partie de leur chaleur la- « tente ou élémentaire. » La lettre de Watt est du 26 avril 1783, et elle se trouve dans les *Transactions philosophiques*, tome 74.

Mais voilà que dans la même année et au mois de juin, Lavoisier fit connaître ses nouvelles expériences, dans un mémoire où il développa ses vues *sur la production de l'eau par la combustion de l'oxygène et de l'hydrogène.*

Dès ce moment, il n'y eut plus rien de douteux ni d'obscur.

A la Société royale de Londres, quand on avait communiqué les idées de Watt, on les avait prises en pitié ; on avait trouvé sa théorie étrange ; on avait même douté de la vérité des expériences de Priestley ; on était allé jusqu'à en *rire*, dit Deluc, *comme de l'explication de la dent d'or*.

Il y a plus, Priestley lui-même n'y avait point cru, puisqu'il avait écrit immédiatement à son ami Watt, en lui envoyant un dessin : *qu'il avait miné sans retour sa belle hypothèse.*

A l'apparition du mémoire de Lavoisier, tout fut expliqué.

Ce mémoire se compose de quatre expériences. Les

trois premières ont pour but la *décomposition* de l'eau; la quatrième est relative à sa *recomposition* avec les éléments spécifiés et déterminés dans les précédentes.

Ici il faut citer le texte même : « Le résultat de cette expérience (la troisième), dit Lavoisier, présente une véritable oxydation du fer par l'eau ; oxydation toute semblable à celle qui s'opère dans l'air à l'aide de la chaleur. 100 grains d'eau ont été décomposés; 85 d'oxygène se sont unis au fer pour le constituer dans l'état d'oxyde noir, et il s'est dégagé 15 grains d'un gaz inflammable particulier; donc l'eau est composée d'oxygène et de la base d'un gaz inflammable, dans la proportion de 85 parties contre 15.

« Ainsi l'eau, indépendamment de l'oxygène, qui est un de ses principes, et qui lui est commun avec beaucoup d'autres substances, en contient un autre qui lui est propre, qui est son radical constitutif, et auquel nous nous sommes trouvés forcés de donner un nom. Aucun ne nous a paru plus convenable que celui d'*hydrogène*, c'est-à-dire principe générateur de l'eau, de ὕδωρ, eau, et γείνομαι, j'engendre.

« Si tout ce que je viens d'exposer sur la décomposition de l'eau est exact et vrai, si réellement cette substance est composée, comme j'ai cherché à l'établir, d'un principe qui lui est propre, d'hydrogène combiné avec l'oxygène, il en résulte qu'en réunissant ces deux principes, on doit refaire de l'eau, et c'est ce qui arriva en effet, comme on va en juger par l'expérience suivante. »

Dans cette quatrième expérience, Lavoisier dispose dans un ballon les deux gaz constitutifs de l'eau, et il les enflamme à l'aide de l'étincelle électrique.

« A mesure que la combustion s'opère, dit-il, il se dépose de l'eau sur les parois intérieures du ballon ou matras : la quantité de cette eau augmente peu à peu ; elle se réunit en grosses gouttes qui coulent et se rassemblent au fond du vase.

« En pesant le matras avant et après l'opération, il est facile de reconnaître l'eau qui s'y est ainsi rassemblée. On a donc dans cette expérience une double vérification : d'une part le poids des gaz employés, de l'autre, celui de l'eau formée ; et ces deux quantités doivent être égales.

«Ainsi, soit qu'on opère par voie de décomposition ou de recomposition, on peut regarder comme constant, et aussi bien prouvé en chimie qu'en physique, que l'eau n'est point une substance simple, qu'elle est composée de deux principes, l'oxygène et l'hydrogène.

« Ce phénomène de la décomposition et de la recomposition de l'eau s'opère continuellement sous nos yeux, à la température de l'atmosphère et par l'effet des affinités composées. C'est à cette décomposition, que sont dus, comme nous le verrons du moins jusqu'à un certain point, les phénomènes de la végétation. Il est bien extraordinaire qu'elle ait échappé jusqu'ici à l'œil attentif des physiciens et des chimistes; et on doit en conclure que dans les sciences, comme dans la morale, il est difficile de vaincre les préjugés dont on a été originairement imbu, et de suivre une autre route que celle où l'on a été accoutumé de marcher. »

Plus tard, de nos jours, M. Dumas a répété l'expérience de la recomposition de l'eau, et il a fabriqué ainsi plus d'un kilogramme d'eau artificielle. « C'est le produit de dix-neuf opérations, dit-il...En comptant celles qui ont échoué par accident, je n'ai pas fait moins de quarante ou cinquante expériences semblables. » Pour chacune d'elles, il n'avait pas fallu moins de quinze à vingt heures d'attention soutenue. Dans cet important travail, M. Dumas avait pour collaborateur M. Stas.

L'eau pure est toujours identique à elle-même; elle est formée d'un équivalent d'oxygène et d'un équivalent d'hydrogène, ce qui correspond à un volume du premier et deux volumes du second, ou bien encore à 88,91 d'oxygène et à 11,09 d'hydrogène.

Les expériences de M. Dumas ont un peu modifié ces chiffres. « Le poids atomique de l'hydrogène, dit-il, ne peut guère être au-dessous de 12,50 quand on représente l'oxygène par 100. Mes expériences le placent entre 12,50 et 12,56. »

Dans leur *Traité pratique d'analyse chimique des eaux minérales*, MM. Ossian Henry père et fils s'expriment de la manière suivante :

« Sortie pure de la main du Créateur, l'eau acquiert à la surface du globe diverses qualités qui tiennent à des circonstances étrangères à sa nature ; celle qui se forme dans les airs par la combinaison des principes entrant dans sa composition, ou qui, d'abord sous la forme de vapeurs enlevées dans la région de l'atmosphère, s'en précipite liquide, est dans un assez grand état de pureté, et sans presqu'aucun mélange, si on en excepte les corpuscules qui, flottant au milieu de l'espace, peuvent être entraînés par elle dans un état de dissolution complète. Les sels divers qu'elle recèle quand on la trouve à la surface du globe, ont une origine qui lui est étrangère, et elle ne se les est appropriés que par sa qualité dissolvante. Aussi regarde-t-on l'eau qui tombe du ciel, reçue directement, au moment de sa chute dans des réservoirs de matière inattaquable par elle, exposés en plein air, et sans avoir eu le moindre contact avec la terre, comme la plus pure et quelquefois presque semblable à l'eau distillée de nos laboratoires. Mais en arrosant le sol, elle y disparaît momentanément, le pénètre à une plus ou moins grande profondeur, et revient à sa surface, rapportant avec elle tout ce qu'elle a pu lui emprunter. Sa constitution se trouve alors modifiée par la présence de corps étrangers, qui peuvent ou non nuire à la salubrité. Au premier rang des eaux potables ou propres aux usages de la vie, on trouverait donc l'eau de pluie, reçue dans les circonstances favorables dont nous venons de parler. Après l'eau de pluie serait placée celle des rivières, puis les eaux de source et les eaux de puits. » (Ossian Henry, *Traité pratique* etc., p. 514.)

CHAPITRE V

DÉTERMINATION DES PRINCIPES CONSTITUANTS DES EAUX PUBLIQUES

Moyens d'étude : leur valeur respective. — Art. I. *De l'analyse chimique :* la matière organique. — Procédés de l'analyse pour reconnaître cette substance : MM. Fauré, Ossian Henry, Frésénius. — Des substances fixes : tableau des réactifs spéciaux. — Art. II. *De l'épreuve hydrotimétrique :* ce que peut dire une goutte d'eau. — Le savon : description du procédé hydrotimétrique. — Études concernant le bassin de Paris : tableau des eaux du bassin de la Seine.

Pour se rendre compte des qualités d'une eau quelconque, il y a trois moyens qui sont :

A priori : 1° l'analyse chimique ; 2° l'essai hydrotimétrique.

A posteriori : 3° l'expérience basée sur l'observation.

L'analyse chimique tend à découvrir le degré de pureté. Son objet est de déterminer, quand elle le peut, la quantité de substances fixes, solides ou gazeuses, contenues dans une eau.

L'essai hydrotimétrique démontre seulement le degré d'aptitude à dissoudre le savon : il ne dit rien de la pureté chimique absolue.

Le vrai *criterium*, le juge souverain, irrécusable, c'est l'expérience, c'est l'observation qui constate les bons et les mauvais effets par suite de l'usage. Vous avez fait analyser une eau, vous l'avez essayée au savon (à l'hydrotimètre) cela ne suffit pas : « il faut n'affirmer qu'une eau est propre aux usages hygiéniques « qu'après s'être assuré, par une enquête, que ceux « qui en boivent n'éprouvent aucun inconvénient de « son usage, et que leur constitution et leur santé « n'en ont reçu aucune modification fâcheuse. » (Annuaire des Eaux de la France pour l'année 1851, page 17, in-4°.)

L'épreuve par l'observation étant aussi variée que les lieux où elle doit se faire, nous n'avons à parler que de l'analyse chimique et de l'épreuve hydrotimétrique.

ARTICLE PREMIER

De l'analyse chimique.

Les traités spéciaux de chimie indiquent les procédés qu'il faut suivre pour l'analyse des eaux et se rendre compte de leurs principes constituants jusqu'à des dixmillièmes de grain et au delà. Dans ces derniers temps même, l'invention de l'analyse spectrale a porté la précision jusqu'à des limites inouïes. On n'exagère rien en disant qu'à l'aide du spectre on espère parvenir, par l'examen d'une seule goutte de liquide, à déterminer toutes les substances qui existent dans une eau quelconque.

Nous n'avons pas à entrer dans la description minutieuse des procédés chimiques. Le *précis d'analyse chimique qualitative* de Frésénius, traduit par M. Sacc, contient une exposition méthodique très-claire. Le *Traité pratique* d'analyse des eaux minérales, par MM. Ossian Henry, est beaucoup plus étendu. On lit aussi, avec beaucoup de fruit, l'ouvrage de M. J. J. Fauré, de Bordeaux, ayant pour titre : *Analyse chimique* des eaux du département de la Gironde. La précision et la clarté de *Frésénius* nous a attiré et nous avons été tenté de lui emprunter sa description : nous aurions dépassé notre but. Nous avons préféré dresser un tableau qui permît d'embrasser, d'un coup d'œil, ce qu'il y a de plus intéressant à connaître, dans l'action des réactifs sur les substances qui entrent le plus ordinairement dans la composition des eaux publiques.

Ici il y a une observation importante à faire. De toutes les substances qui entrent dans la composition des eaux publiques, les plus dangereuses sont les substances organiques, substances provenant de la décomposition de matières végétales ou animales. Les matières salines rendent l'eau *crue* et *dure*, ce qui se reconnaît avec facilité : la matière organique constitue l'eau à l'état de poison véritable : de façon que toute population soumise à l'usage d'une eau qui contient, même une très-faible quantité de matière organique, est sous l'influence permanente d'un empoisonnement lent.

C'est ce dont témoignent au surplus les maladies endémiques de beaucoup de localités et de contrées.

La recherche de la matière organique dans l'eau est donc d'une importance capitale. Ici nous ne devons pas craindre de dépasser le but en entrant dans tous les détails et en faisant connaître tous les procédés. Nous commencerons par celui de M. Fauré.

La matière organique contenue dans les eaux, peut être végétale ou animale.

« Pour l'obtenir pure, dit M. Fauré, il faut l'extraire directement, en faisant évaporer par ébullition une quantité donnée de l'eau à analyser. Dès les premières impressions de la chaleur, les eaux qui contiennent de la *matière organique* albumineuse se troublent, et il s'en sépare, au moment de l'ébullition, une foule de petits globules qu'on voit nager dans la liqueur. Après quelques instants on laisse refroidir, sans remuer, et l'on isole par décantation cette matière, que l'on trouve réunie au fond du vase ; on la dessèche, on la pèse et on note le poids. Cette matière, ainsi coagulée, est de l'albumine animale ou de l'albumine végétale, ce qui est indiqué, dans le premier cas, par la *couleur* et les sels *ammoniacaux ;* dans le second, par l'absence de *produits azotés*. On achève à l'étuve l'évaporation de l'eau d'où l'on a séparé l'albumine, jusqu'à ce qu'elle soit réduite à quelques grammes ; on la délaye alors avec de l'éther alcoolisé, qui dissout la matière organique non séparée par l'ébullition, sans toucher au résidu salin qui l'accompagne. L'évaporation de l'alcool éthéré laisse la matière organique dans l'état de quasi pureté ; en cet état elle a une saveur amère, une couleur *brune ;* elle se dissout dans l'eau et dans l'alcool : c'est de la matière organique passée à l'état d'*humus*.

... « On rencontre souvent des eaux qui contiennent de fortes quantités de matière organique passée à l'état d'humus, et qui néanmoins sont bues impunément par les hommes et les animaux. C'est donc surtout à l'albumine végétale qu'il faut attribuer l'altération rapide des eaux marécageuses et l'insalubrité qui accompagne cette altération. On peut reconnaître promptement la présence de l'albumine dans les eaux, en versant dans celles-ci quelques gouttes de solution de tannin pur ou d'alcool gallique : il se forme bientôt une opacité blanchâtre, d'autant plus marquée que l'albumine s'y forme en plus forte proportion.

« Comme je l'ai dit, la matière organique animale se reconnaît aux sels ammoniacaux et à l'ammoniaque qu'elle dégage quand on la chauffe à vase clos. » (FAURÉ, *Analyse chimique* des eaux du département de la Gironde, page 20 et suiv. Bordeaux 1853.)

Dans l'*Analyse chimique des Eaux minérales* de MM. Ossian Henry, le procédé est décrit de la manière suivante :

« La matière organique, dite *extractive* des eaux, n'apparaît avec une couleur jaunâtre que lorsque les liquides ont été concentrés, et ordinairement alors elle accompagne tous les produits de l'évaporation. Elle se dissout en partie par l'alcool et par l'eau, et une portion reste *insoluble* avec les résidus définitifs.

« M. Dupasquier annonce que par l'ébullition le *chlorure d'or* rend *violette* et *trouble* l'eau qui contient une certaine portion de *matière organique,* parce que le chlorure d'or, qui est une combinaison très-instable, tend à être réduit par ces *matières organiques ;* d'après M. Malaguti, l'eau, sous cette double influence, se décompose, cède son oxygène aux susdites matières organiques et son hydrogène au chlore du réactif ; ce qui met le métal en liberté avec une couleur violette due à des parties d'or entièrement divisées.

« M. Fauré a proposé le tannin en solution alcoolique pour manifester la présence de cette espèce d'albumine végétale qui existe dans les eaux : il se produit alors suivant lui, une opacité blanchâtre plus ou moins prononcée. Il est à remarquer cependant que certains sels calcaires pourraient donner lieu à quelque chose de semblable et induire en erreur.

« Ajoutons à ce qui précède les faits suivants :

« Lorsqu'on traite de grandes masses d'eau minérale, qu'on les fait bouillir et qu'on les évapore à siccité, elles se colorent en jaune et laissent presque toutes un résidu qui, en se décomposant par la calcination, *brunit et noircit*. Ce phénomène est un effet de la substance organique dont nous nous occupons ici. » (OSSIAN HENRY, *Analyse chimique*, pages 305 et 306. Paris, Germer Baillère 1858.)

Voici enfin le procédé de Frésénius :

« Lorsqu'on traite à la fois de grandes masses d'eau minérale, qu'on les fait bouillir et qu'on les a évaporées, elles laissent presque toutes un résidu qui *brunit* et *noircit* lorsqu'on le chauffe. Quand ce phénomène se présente dans une analyse, on l'attribue à la substance dont nous avons à nous occuper ici. Pour connaître le poids de la substance *extractive*, qui se trouve dans une certaine quantité d'eau, on prend un poids connu de l'eau, qu'on évapore à sec en ajoutant vers la fin de l'évaporation, du carbonate sodique ; on fait bouillir le résidu avec de l'eau filtrée, on évapore la solution à sec, et on dessèche parfaitement le résidu à 140 degrés centigrades jusqu'à ce que son poids ne diminue plus du tout. Alors on le calcine au rouge, jusqu'à ce que la coloration noire qui avait apparu à sa surface, ait totalement disparu. La différence de poids entre le résidu desséché et le résidu calciné, exprime la quantité d'*extractif* qui s'y trouvait.

« Lorsque l'*extractif* est mêlé, ainsi que cela arrive assez souvent, avec des matières résineuses, il faut épuiser le résidu avec de l'alcool, puis mêler à cette solution de l'eau, et évaporer l'alcool qui, en se volatilisant, laisse déposer la résine sous forme insoluble, tandis que tout l'extractif reste en dissolution. » (FRÉSÉNIUS, *Précis d'analyse chimique quantitative*, pages 467 et 468. Paris, V. Masson 1847.)

Le tableau suivant est destiné à donner simplement une idée des moyens qu'on peut employer pour se rendre immédiatement et sommairement compte de la qualité des diverses substances fixes qu'on peut rencontrer dans une eau.

TABLEAU des effets produits par les réactifs employés pour reconnaître la présence des substances fixes le plus ordinairement contenues dans des eaux publiques.

SUBSTANCES DÉVOILÉES DANS L'EAU PAR LES RÉACTIFS.	RÉACTIFS.	EFFETS PRODUITS.
Carbonates.	Papier de tournesol rougi par un acide.	On fait chauffer l'eau pour la dépouiller, à l'aide de la chaleur, de l'excès d'acide carbonique, on y trempe ensuite le papier qui devient bleu si l'eau contient des carbonates.
	Acide sulfurique — azotique — chlorhydrique } étendus d'eau.	En mêlant avec les dépôts l'un ou l'autre de ces acides, il se produit de l'effervescence et un dégagement de gaz acide carbonique.

SUBSTANCES DÉVOILÉES LANS L'EAU PAR LES RÉACTIFS.	RÉACTIFS.	EFFETS PRODUITS.
Sulfates.	Chlorure de barium.	Cette substance détermine un précipité blanc qui est insoluble dans les acides chlorhydrique et azotique étendus d'eau.
Chlorures.	Azotate d'argent.	L'eau prend une teinte louche, d'un blanc légèrement opalin, noircissant à la lumière. Si la quantité de chlorure est considérable, on obtient un précipité blanc caillebotć, qu'on fait disparaître en ajoutant de l'ammoniaque, mais qui ne disparait pas si on ajoute de l'acide azotique.
Azotates.	Or en feuille avec acide sulfurique et chlorure de sodium purs.	On mêle la feuille d'or avec l'acide sulfurique et le chlorure de sodium, on y ajoute le résidu de l'eau évaporée. S'il y a des azotates, l'or se dissout.
Sels de chaux.	Azotate d'ammoniaque.	Précipité blanc instantané.
	Solution de savon.	Précipité caillebotć dont la quantité est relative à la quantité des sels calcaires autres que le carbonate calcaire.
	Phosphate de soude.	Précipité blanc.

SUBSTANCES DÉVOILÉES DANS L'EAU PAR LES RÉACTIFS.	RÉACTIFS.	EFFETS PRODUITS.
Sels de magnésie.	Phosphate d'ammoniaque.	On sépare d'abord la chaux avec le phosphate de soude, puis on ajoute le phosphate d'ammoniaque et l'on obtient un précipité floconneux.
	Ammoniaque liquide.	Précipité blanc floconneux.
Fer.	Ferro-cyanure de potassium.	Le résidu insoluble de l'évaporation se colore en bleu.
Matières organiques ou extractives.	Papier de tournesol rouge et bleu.	On calcine le résidu de l'évaporation de l'eau dans un tube fermé à un bout; ensuite on introduit les deux papiers. Si dans la calcination il s'est formé des produits ammoniacaux, le papier rouge devient bleu comme l'autre, s'il ne s'en est pas formé, c'est le papier bleu qui devient rouge.

ARTICLE II

De l'épreuve hydrotimétrique

Il y a un moyen bref de se rendre compte immédiatement, mais sommairement, des qualités d'une eau quelconque.

On en prend une goutte, on la met dans un verre de montre ou sur une simple lame et on la fait évaporer lentement à la flamme d'une bougie ou d'une lampe à esprit de vin.

Tout ce qui est eau pure se dégage en vapeur, le résidu s'attache au verre : les substances salines, sous forme de cristaux ; les matières suspendues, sous forme de poussière.

Dans les eaux courantes, c'est la poussière qui domine : dans les eaux de source ou de puits, ce sont les cristaux.

Les cristaux résistent ; la poussière se détache avec facilité, la plupart du temps il suffit de souffler dessus.

L'eau de pluie ne laisse qu'un peu de poussière, elle est presqu'aussi pure que l'eau distillée. L'eau de pluie recueillie en plein air peut remplacer l'eau distillée dans la plupart des cas. (Frésénius.)

L'eau distillée ne laisse rien du tout.

Si l'eau, après l'évaporation, laisse peu de cristaux, et si elle dissout bien le savon, ce dont on peut s'assurer incontinent en se lavant les mains, on a de fortes raisons de conclure qu'elle sera propre à tous les usages. On peut dès lors fixer sur elle son attention, la soumettre à un examen plus rigoureux, la comparer aux autres espèces d'eau qu'on a à sa portée, et, s'il y a lieu de faire un choix, déterminer ainsi les préférences.

Dans ces derniers temps, l'expérience au savon a

été prise en grande faveur, deux pharmaciens instruits, MM. Boutron et Boudet, imitant les procédés, que l'on emploie pour déterminer les degrés d'alcalinité des soudes, ont conseillé l'emploi de deux vases : un flacon et une burette, l'un et l'autre gradués.

L'eau pure, l'eau distillée dissout le savon sans faire de grumeaux : si on agite la dissolution il se produit de la mousse ; il suffit d'un décigramme de savon pour faire mousser un litre d'eau pure et pour que la mousse persiste.

Si l'eau n'est pas pure ; pour obtenir la mousse, il faut employer une plus grande quantité de savon. L'excédant du décigramme se consomme en pure perte ; il s'empare des sels et forme, en se combinant avec eux, des flocons et des grumeaux, qui tombent au fond du vase. La quantité de savon ainsi employée donne donc la mesure de la quantité de sel qui rend l'eau impure.

On procède de la manière suivante : on verse l'eau dans le flacon, dont les degrés indiquent la quantité soumise à l'expérience ; et on y mêle, avec la burette, autant de liqueur savonneuse qu'il est nécessaire pour obtenir la mousse, puis on lit sur la burette la quantité de savon employée. La liqueur savonneuse est titrée de manière que chaque degré de la burette qui se vide représente cent grammes de savon.

Mais il convient d'entrer dans plus de détails : nous les empruntons au mémoire de MM. Boutron et Boudet.

« La méthode que nous proposons, disent les auteurs du procédé hydrotimétrique (Boutron-Charlard et Boudet, *hydrotimétric*), a pour point de départ les curieuses observations du docteur Clarke sur l'emploi de la teinture alcoolique de savon pour mesurer la dureté des eaux *(Note on the examination of water for towns, for its hardness, and for the incrustation its deposits on boiling)*. Elle est fondée sur la propriété si connue que possède le savon (préparé selon la formule que les auteurs en donnent plus loin), de rendre l'eau pure mousseuse et de ne produire de mousse dans les eaux chargées de sels terreux, et particulièrement à bases de chaux et de magnésie, qu'autant que ces sels ont été décomposés et neutralisés par une proportion équivalente de savon, et qu'il reste un petit excès de celui-ci dans la liqueur.

« La dureté d'une eau étant proportionnelle aux sels terreux qu'elle contient, la quantité de teinture de savon, nécessaire pour y produire la mousse, peut donner la mesure de sa dureté.

« Le fait fondamental sur lequel nous nous appuyons est donc la production de la mousse dans l'eau pure par le savon, et l'obstacle que les bases terreuses apportent à cette production en transformant le savon en composés insolubles.

« Vient-on, en effet, à verser quelques gouttes d'une teinture alcoolique de savon dans un flacon renfermant, par exemple, 40 centimètres cubes ou 40 grammes d'eau distillée ; si l'on agite le mélange, il se forme immédiatement à la surface du liquide une couche de mousse légère et persistante ; mais si, au lieu d'eau distillée, on emploie une eau plus ou moins calcaire ou magnésienne, le phénomène de la mousse n'apparaît qu'autant que la chaux ou la magnésie, contenues dans cette eau, ont été neutralisées par une quantité proportionnelle de savon, et que l'on a ajouté un léger excès de celui-ci qui, ne rencontrant plus de chaux ni de magnésie, manifeste ses propriétés, comme s'il se trouvait en dissolution dans l'eau pure.

« La proportion de savon, exigée par 40 centimètres cubes d'une eau quelconque pour produire une mousse persistante, donne donc la mesure de la quantité de sels calcaires ou magnésiens contenus dans cette eau ; et, comme, pour la plupart des eaux de sources et de rivières, la chaux et la magnésie sont les principales matières qui, combinées avec différents acides, influent réellement sur leur qualité, il est évident qu'en déterminant la proportion qu'elles renferment de ces bases, on détermine la valeur de ces eaux relativement au plus grand nombre de leurs usages.

« La formation de la mousse, à la surface de l'eau, est d'ailleurs un phénomène si saillant, la proportion de savon que nous avons reconnu nécessaire pour la produire (un décigramme par litre) est si faible, et le moment où une eau calcaire ou magnésienne cesse de neutraliser le savon et devient mousseuse par l'agitation est si facile à saisir, qu'une dissolution alcoolique de savon peut être considérée comme un réactif extrêmement sensible, pour décéler et doser les sels calcaires et magnésiens dans des liquides très-étendus tels que les eaux de sources et de rivières. Le mérite essentiel de ce réactif résulte, il faut le remarquer, de cette circonstance, qu'il indique immédiatement lui-même par un phénomène très-saillant, celui de la mousse, la limite de l'action que les bases terreuses exercent sur lui. »

Voici la formule que les auteurs donnent pour la préparation de la liqueur ou savon d'épreuve :

« On prend :

Savon de Marseille.	100 grammes.
Alcool à 90° cent.	1,600 grammes.

« On dissout le savon dans l'alcool en chauffant jusqu'à l'ébullition, on filtre pour séparer les sels et les matières étrangères, insolubles dans l'alcool, que le savon peut contenir, et on ajoute à la dissolution filtrée.

Eau distillée	1,000 grammes.
On obtient ainsi.	2,700 grammes

de solution de savon ou liqueur d'épreuve. »

M. Belgrand, chargé de rechercher les meilleures eaux du bassin de Paris, n'a guère employé que l'hydrotimètre pour juger de leurs qualités respectives. Voici les résultats principaux de ses études. Nous en empruntons le résumé au deuxième mémoire présenté par M. le Préfet de la Seine au conseil municipal de Paris.

« Le poids des sels, dissous dans une quantité d'eau déterminée, est à peu près égal au dixième du poids du savon, nécessaire pour la décomposition des mêmes sels.

« Le degré hydrotimétrique d'une eau chargée de carbonate de chaux étant 25, par exemple, la double conséquence en est, que cette eau contient environ 25 décagrammes, ou 2 hectogrammes 50 grammes de sels calcaires par mètre cube, et qu'il y faut mêler en pure perte 2 kilogrammes 500 grammes de savon avant de la rendre mousseuse.

« L'épreuve faite des eaux actuelles de Paris donne les résultats suivants :

Eau de Grenelle, de .	9 à 11	degrés de l'hydrotimètre.
Eau de Seine, de. . .	17 à 20	—
Eau d'Ourcq.	31	—
Eau d'Arcueil	37,50	—
Eau des prés St-Gervais. .	76	—
Eau de Belleville.	155	—

« C'est-à-dire qu'avant d'obtenir le mélange d'eau et de savon produisant la mousse qui est nécessaire au blanchissage, et qu'on n'obtient qu'après le précipité des sels de chaux, il faut d'abord faire fondre et neutraliser dans un mètre cube d'eau de Grenelle, de 9 à 11 hectogrammes de savon ; dans une quantité égale d'eau de Seine, 1 kilogramme 7 hectogrammes ou

2 kilogrammes; dans un pareil volume d'eau d'Ourcq, 3 kilogrammes 1 hectogramme, etc.; et qu'enfin un mètre cube d'eau de Belleville absorberait, avant de pouvoir servir au blanchissage, l'énorme quantité de 15 kilog. 5 hectog, de savon.

« Non-seulement l'économie défend l'emploi d'eaux trop chargées de sels terreux pour le savonnage, mais encore les réactions diverses de ces sels dans la plupart des emplois industriels et domestiques, rendent de telles eaux impropres à tout usage.

« L'eau est salubre et agréable si elle ne contient qu'une certaine proportion de carbonate de chaux, mais elle devient dure, malsaine ou indigeste, et elle incruste les conduites si la proportion s'accroît notablement. Peut-on fixer d'une manière absolue la limite qu'on ne saurait dépasser? Jusqu'à quel degré de l'hydrotimètre l'eau contenant des carbonates de chaux, peut-elle être considérée comme bonne? Audessus de quels degrés devient-elle médiocre ou mauvaise?

« Un très-grand nombre d'expériences ont été faites par M. Belgrand sur des ruisseaux et des rivières dont l'eau a été essayée à leurs sources, et ensuite à divers points de leur cours. Il en est résulté que l'eau, qui au point de départ marque 18° ou moins à l'hydrotimètre, ne perd dans sa marche aucune partie des sels calcaires qu'elle contient; que si au contraire l'indication hydrotimétrique de la source dépasse 18°, l'eau abandonne à ses rives, aux canaux qu'elle parcourt ou aux conduites qui la distribuent, une certaine quantité de carbonate de chaux, dont elle est chargée au-dessus de cette limite. Entre 18 et 20 degrés les dépôts sont presque insensibles. Au-dessus de 21 degrés, ils deviennent considérables, l'incrustation des conduites est rapide (1) et diminue bientôt notablement la capacité intérieure des tuyaux de fonte d'un petit diamètre.

« D'autre part, les observations faites sur la santé publique semblent mesurer de même le degré de salubrité des eaux.

« Le goût des populations ne s'y trompe guère ; sans doute la limpidité et la fraîcheur sont recherchées avant tout ; c'est pour cette cause que l'eau d'Arcueil, eau médiocre et peu propre aux usages domestiques et industriels, a été longtemps en faveur. Mais, toutes choses égales d'ailleurs, l'eau la moins saturée de sels calcaires est naturellement celle que le public préfère.

(1) « L'épreuve hydrotimétrique de l'eau d'Arcueil, restreinte au carbonate de chaux, n'accuse que 21 degrés : cette eau est cependant très-incrustante.

« L'eau d'Ourcq, qui obstrue tout aussi rapidement les conduites ne marque dans les mêmes conditions que 22° 75.

« Leau de la source du Rosoir dérivée à Dijon, qui est également incrustante ne donne que 23°.

« La grande source du Chailly, (vallée du Grand-Morin), qui forme des dépôts calcaires considérables sur les roues des usines qu'elle fait marcher, donne 25°.

« La source de Busagny dérivée à Pontoise, qui est plus incrustante encore, marque 37°. »

L'eau de Seine, par exemple, dont le degré moyen est de 17 ou 18 degrés au pont d'Ivry, jouit d'une juste célébrité; elle est aujourd'hui mise au premier rang des eaux de Paris, soit par les consommateurs, soit par les industriels. » (*Documents relatifs aux eaux de Paris. Deuxième mémoire présenté par le Préfet de la Seine au conseil municipal*, pages 127 et suivantes, in-18 avec carte, Paris, 1861.)

Le Mémoire auquel nous avons emprunté l'extrait ci-dessus, est accompagné d'un tableau contenant les degrés hydrotimétriques des sources du bassin de la Seine. Ce tableau offre un grand intérêt à plusieurs points de vue. Nous en consignons ici les détails les plus importants.

M. Belgrand a classé les sources dans l'ordre géologique des terrains qui les produisent, en commençant par les plus élevés.

Terrains tertiaires situés au-dessous du gypse. — Calcaires de Beauce ou sables de Fontainebleau recouverts par les calcaires de Beauce. — Sources qu'on trouve principalement au fond de la partie supérieure des vallées de l'Essonne, de la Juine et de l'Orge.

	Degrés hydrotimétr.
Source à l'amont du château de la Porte, commune d'Autruy, rivière de Juine	19,50
Source du parc du même château	20,00
Id. en amont du moulin Apaux, même commune	19,00
Id. en amont du moulin de Glacros, commune de Méréville, rivière de Juine	20,00
Fontaine des Corps-Saints, commune d'Etrechy, rivière de Juine	21,90

	D. H.
Source en amont du moulin de Fontenottes, rivière d'Éclimont, affluent de la Juine.	18,30
Source en aval du même moulin.	17,00
Fontaine de Sainte-Appoline, rivière de Chalouette, affluent de la Juine.	18,25
Déversoir de l'étang de Moulineaux, rivière de Chalouette, affluent de la Juine.	18,00
Source de Garcenval, ruisseau de Guillerval, affluent de la Juine.	19,00
Id. des Boutards, la Louette, affluent de la Juine. . .	23,30
Id. en amont du bois de Bouraine, le Juineteau, affluent de la Juine.	20,00
Id. de l'Orge, à la Brosse, rivière d'Orge.	17,50
Id. du parc de Pinceloup, la Rimarde, affluent de l'Orge.	24,10
Fontaine de Saint-Arnould, affluent de l'Orge.	25,00

Sables de Fontainebleau non recouverts, ou recouverts par les argiles à meulières supérieures. — Sources qu'on trouve principalement à l'origine des vallées de l'Ecole, de l'Yvette et de la Bièvre, dans quelques affluents de l'Orge, et sous les mamelons de sable de Fontainebleau épars sur les plateaux de la Brie.

Source du parc de Chambergeaux, à Noisy-sur-Ecole. . .	14,10
Id. de la Gloriette, à Malassy, près Bonnelle, affluent de la Rimarde.	11,50
Id. de la rive de Celle, ruisseau de la Celle, affluent de la Rimarde.	7,30
Id. du ruisseau de Forges, à Forges, affluent de la Rimarde.	10,00
Id. du ruisseau de Prédécelle, commune de Limours, affluent de la Rimarde.	13,00
Id. de Saint-Vandrille, à Saint-Jean-de-Beauregard, Sallemouille, affluent de l'Orge.	12,80
Id. du parc de Ségrais, vallée de Rimarde, affluent de l'Orge.	16,75

	D. H.
Source vers Sceaux-les-Chartreux, affluent de l'Yvette. .	6,00
Id. près Villiers, id.	12,00
Id. du Grand-Lavoir à Buc, rivière de Bièvre.	9,80
Id. sortant d'un tuyau en fonte, fond de la vallée de Meudon.	7,00
Id. de l'Ursine, fond de la vallée de Chaville.	8,50
Id. du Petit-Vin, montagne d'Epiais, près Pontoise. . .	12,00
Id. du Haré, id.	22,00
Id. de Saint-Fiacre, ruisseau de Brinche, affluent de la Marne.	16,00
Id. dans les prés du Rouet, ruisseau de Brinche, affluent de la Marne.	13,00
Première source de Rudevrou, affluent du Petit-Morin, près Jouarre.	8,00
Deuxième source de Rudevrou, affluent du Petit-Morin, près Jouarre.	10,00

Niveau d'eau des marnes couvertes, et des marnes de gypse recouvertes, soit par les sables de Fontainebleau, soit par les argiles à meulières de Brie. — En général, sources des coteaux de la Brie et de la banlieue de Paris.

1° RÉGION GYPSIFÈRE DES ENVIRONS DE PARIS.

Source à Lardy, vallée de la Juine.	44,00
Id. dans les coteaux d'Essonne, vallée de l'Essonne. .	36,00
Fontaine de Choisy-le-Roi, vallée de la Seine.	32,00
Source à Ablon, vallée de la Seine.	29,50
Fontaine de Longjumeau, vallée de l'Yvette, ...	30,00
Fontaine de Palaiseau, id.	40,00
Source du lavoir de Palaiseau, id.	36,00
Id. au-dessous de Haute-Roche, id.	44,00
Id. dans les prés de Chevreuse, id.	26,00
Id. de Rungis : au regard n° 1. Eaux de l'Aqueduc d'Arcueil, vallée de Bièvre.	38,59
Id. de Rungis, au regard d'amont du pont-aqueduc, d'Arcueil, vallée de Bièvre.	38,21

	D. H.
Source de Rungis, au Réservoir de l'Observatoire, d'Arcueil, vallée de Bièvre.	37,63
Lavoir public de Meudon. Vallée du Val-Fleury.	68,00
Source derrière le parc de Meudon. id.	48,00
Fontaine publique à Chaville. Ruisseau de la vallée de Sèvres, plus de.	36,00
Id. de la Ferme de Gaillon à Chaville. Ruisseau de la vallée de Sèvres, plus de.	24,00
Source de l'Ursine (la plus basse). Ruisseau de la vallée de Sèvres, plus de.	24,00
Id. Plus rapprochée de Chaville. Ruisseau de la vallée de Sèvres, plus de.	36,00
Fontaine du roi à Ville-d'Avray. Source de la banlieue de Saint-Cloud.	50,00
Fontaine du Croissant à Garches. Source de la banlieue de Saint-Cloud.	42,00
Fontaine de l'Abreuvoir à Garches. Source de la banlieue de Saint-Cloud.	36,00
Borne-fontaine à Garches. Source de la banlieue de Saint-Cloud	29,00
Eau du Château de Montretout. Source de la banlieue de Saint-Cloud.	60,00
Source de mi-côte; machine de Marly. Banlieue de Saint-Germain.	48,00
Id. de Presnoy, machine de Marly. Banlieue de Saint-Germain.	48,00
Id. de Feuillancourt, près Saint-Germain. Banlieue de Saint-Germain.	68,00
Fontain e Dedout à Epiais, près Pontoise.	24,00
Source à Cornetin. Coteaux gypsifères au nord et à l'est de Paris.	30,00
Fontaine du Pin. Coteaux gypsifères au nord et à l'est de Paris.	88,00
Fontaine de Livry. Coteaux gypsifères au nord et à l'est de Paris.	68,00
Fontaine de Villemomble. Coteaux gypsifères au nord et à l'est de Paris.	39,00

	D. H.
Source des prés Saint-Gervais. Coteaux gypsifères au nord et à l'est de Paris.	75,00
Id. de Belleville. Coteaux gypsifères au nord et à l'est de Paris.	155,00
Id. du parc de Mauperthuis. Vallée d'Aubetin. . . .	30,00
La grande fontaine à Touquin. Vallée d'Yères.	30,00
Fontaine de Lagny. Vallée de la Marne.	35,00
Source à gauche du ruisseau de Maubué. Vallée de la Marne.	28,00
Fontaine de Champs. Vallée de la Marne.	28,00
Source à l'aval de Collégien. Vallée de la Marne, plus de.	36,00
Id. de Coupvray. Vallée de la Marne, rive gauche. . .	23,00
Id. du parc de Monceaux, près Meaux. Vallée de la Marne, rive gauche.	26,00
Id. des Mimeaux, près Meaux. Vallée de la Marne, rive gauche.	24,00
Id. de l'Hermitage Saint-Fiacre, près Meaux. Vallée de la Marne, rive gauche.	24,00
Id. de Sept-Sorts, près La Ferté. Vallée de la Marne, rive gauche.	27,00
Fontaine de Pavant. Vallée de la Marne, rive gauche. . .	24,00

2° RÉGION NON GYPSIFÈRE.

Sources de la Dhuis, au moulin de Pargny, la Dhuis affluent de Surmelin :	
Première source de la Dhuis, affluent de Surmelin. . . .	23,00
Deuxième — . . . id.	23,00
Troisième — . . . id.	23,00
Source de Nogentel, près Château-Thierry. Vallée de la Marne.	23,00
Id. de Nesle, près de Château-Thierry, vallée de la Marne.	30,00
Id. de la ferme de Blesme, près de Château-Thierry. Vallée de la Marne.	30,00
Id. au-dessus de la Toiterie, près de Château-Thierry. Vallée de la Marne.	30,00

	D. H.
Source de Montlevon. Vallée de la Dhuis, affluent de la Marne.	23,00
Le Sourdon à Saint-Martin d'Ablois, près d'Épernay :	
1er Essai, juin 1854. Vallée du Cubry, affluent de la Marne.	20,00
2me Essai, 15 janvier 1855. Vallée du Cubry, affluent de la Marne.	20,00
3me Essai, — Vallée du Cubry, affluent de la Marne.	21,00
Source de Bifontaine. Vallée du Petit-Morin, près Montmirail.	26,00
Id. de Grande-Fontaine. Vallée du Petit-Morin, près de Montmirail.	24,00
Id. de Montcoupot. Vallée du Petit-Morin, prés Montmirail.	29,00
Id. du Mont. Rivière de Bautheil, affluent de l'Aubetin.	24,00
Id. de l'Ourcq, Foret de Ris. Vallée d'Ourcq.	33,00
Id. de Saint-Aubin, près Thomery, rive gauche de la Seine, banlieue de Fontainebleau.	26,25
Belle Fontaine, aux Basses-Loges, rive gauche de la Seine, banlieue de Fontainebleau.	26,25
Source de la Madeleine, aux Basses-Loges, rive gauche de la Seine, banlieue de Fontainebleau.	20,10
Fontaine de Samois, rive gauche de la Seine, banlieue de Fontainebleau.	28,80
Lavoir du Moulin de Brosses, rive gauche de la Seine, banlieue de Fontainebleau..	25,50
Lavoir du Moulin de Brosses, rive gauche de la Seine, banlieue de Fontainebleau.	19,60
Fontaine de Samoreau, rive droite de la Seine, banlieue de Fontainebleau.	29,20

Terrains perméables compris entre les marnes du gypse et l'argile plastique. — Sources situées en général au nord et au nord-est de Paris, au fond des vallées de l'Ourcq et de ses affluents, de l'Autonne, de la Thève, de la Nonnette et autres affluents de l'Oise. — Eaux généralement mauvaises ou médiocres.

	D. H.
Fontaine du lavoir de Sèvres. Vallée de Sèvres, plus de..	36,00
Source de Busagny. Vallée de la Viosne, près Pontoise. .	31,00
Même eau à son arrivée à Pontoise. . . id.	29,00
Source de la Nonnette, près Nanteuil, sources de la Nonnette et de ses affluents ; ruisseaux.	28,00
Source de l'Aunette à Ver.	32,00
Source de l'Aunette entre Rully et Bray, de la banlieue de Senlis..	29,00
Source de Saint-Urbain, faubourg de Senlis, de la banlieue de Senlis.	27,00
Source des malades à Villevert, près Senlis, de la banlieue de Senlis.	30,00
Source de la Poterne à Senlis, de la banlieue de Senlis. .	42,00
Source de la butte d'Aulmont, près Senlis, de la banlieue de Senlis.	13,50
Source en amont de Morte Fontaine. Vallée de la Thève. .	26,00
Source de Bonville, près Crépy. Vallée d'Autonne.. . . .	26,00
Source de Bouillant. . id . . . . . .id.	26,00
Source du ru Saint-Martin, près Gillocourt.	29,00
Source de la Beuvronne à Nantouillet. Vallée de la Beuvronne.	33,00
Source de la Bibronne à Thieux. Vallée de la Beuvronne.	46,00
Source du regard. Vallée de la Gergogne, affluent de l'Ourcq.	28,00
Source d'Armentières. Vallée d'Ourcq.	29,00
Source du lavoir, ruiseau de Maubué. Vallée de la Marne.	32,00
Sources de Thorigny et de Dampmard, première source. Vallée de la Marne.	27,00
Deuxième source. Vallée de la Marne..	27,00

	D. H.
Source du parc de Mauperthuis, au fond de la vallée de l'Aubetin.	26,00
Sources de Briant, première source, près Brunoy. Vallée d'Yères.	23,50
Deuxième source, près Brunoy. Vallée d'Yères.	25,00
Source de Seineport. Vallée de la Seine.	23,00
Source de Chailly. Vallée du Grand-Morin.	25,00
Source du Moulin-au-Comte. . id.	21,50

Niveau d'eau de l'argile plastique. — Sources très-élevées au-dessus des grandes vallées. — Très-nombreuses dans le Soissonnais; la vallée de la Marne, en amont de Château-Thierry; celle de la Seine vers Provins. — Ces sources sont sans importance dans la banlieue de Paris.

Sources de Chauvenet, près Dormans, première source. Vallée de la Marne, près Dormans et en amont.	30,00
Deuxième source. Vallée de la Marne, près Dormans et en amont.	30,00
Source de la Fosse-Berthe. Vallée de la Marne, près Dormans et en amont.	30,00
Source d'Hugo. Vallée de la Marne, près Dormans et en amont.	30,00
Source du ru de Vassieux. Vallée de la Marne, près Dormans et en amont.	26,00
Source de Cramand. Bord de la Champagne, vallée du Petit-Morin, vers Montmirail.	23,50
Source de Villevenard. Vallée du Petit-Morin, vers Montmirail.	24.30
Source du Vieux Moulin. Vallée du Petit-Morin, vers Montmirail.	35,60
Source du Failly. Vallée du Petit-Morin, vers Montmirail.	24,70
Source du moulin des Fontaines. Sources du Dourtein et de la Voulgie.	24,00
Source à l'aval du même moulin, rive droite; affluent de la Seine passant à Provins.	24,00
Source à l'aval du même moulin, rive gauche, affluent de la Seine passant à Provins.	24,00

	D. H.
Source à l'aval du même moulin, avant le moulin du Roi, affluent de la Seine passant à Provins.	24,00
Fontaine de la ville de Provins. . id.	28,00
Source supérieure de la Voulgie. id.	24,00
Source du ru Flavien à Champigny l'Hôpital, vallée de la Seine, près Montereau.	28,50
Source du parc de madame Boutus à Vernon.	23,50
Source du parc de Souzy, vallée de la Renarde, affluent de l'Orge.	20,00
Source en aval du même village. Vallée de la Renarde affluent de l'Orge.	21,00
Source Sainte-Julienne, près du val Saint-Germain, vallée de la Renarde.	20,00
Source de Claire-Fontaine. Vallée de la Rabette, affluent de la Rimarde.	20,00
Source dite la Bernière. Sources de la banlieue de Soissons.	25,50
Source sous Beaumont. Vallée de l'Aisne.	35,00
Source les Pinchevins. . . . . id	24,30
Source du parc Carpentier. Sources de la banlieue de Soissons.	26,00
Source du petit Moulin. Vallée de l'Aisne.	25,80
Source du Marché-Fontaine. . . . . id.	25,00
Source du Temple. . . . . id.	26,50
Sources de l'Epautray. . . . . . . id.	26,50
Source de Cornille. . . . . id.	25,00
Source sous la maison Nivard. . . . id.	26,00
Source dite la Mare. . . . . id.	25,00
Fontaine sans nom. . . . . id.	26,00
Fontaine du Long-Tour. . . . . . . id.	24,00
Fontaine de Saint-Maurice . . . . . id.	21,00
Source dite la Pissotte. . . . . . . id.	20,00
Source de Caffin. . . . . id.	26,00
Source de Saint-Nicodème. . . . . . id.	26,00
Source de Demonbheaux. . . . . . . id.	26,00

La craie blanche couronnée par les terrains tertiaires. — Terrain perméable. Sources souvent très-grandes, toutes situées au fond des vallées les plus profondes, et formant autour de Paris un cercle dont on va suivre les contours.

	D. H.
Source du ru Saint-Martin à Vertus, affluent de la Berle, bassin de la Somme Soude	22,40
Mai 1854. Source Mère du roi	21,00
15 janvier 1855. id. de l'Église	21,00
Septembre 1855. id. id.	23,00
Source du moulin des Mottes. Vallée de la Berle	20,00
Source de l'Echevêtre, à Aix-en-Othe. Bassin de la Vanne	20,00
Source de la Duée, id. id.	20,00
Source de Chigy. id.	20,00
Source de Vareilles. id.	18,80
Source de Theil. id.	18,30
Source de Noé. id.	18,30
Source de Laclos. id.	20,50
Source de Saint-Philibert. id.	20,00
Source de Colmiers, affluent de l'Yonne, rive gauche, près Sens	21,30
Source de Bracy, affluent de l'Yonne, rive gauche, près Sens	21,30
Source de Maugerin, affluent de l'Yonne, rive gauche, près Sens	20,30
Source d'Esmans près Montereau, vallée d'Yonne	22,00
Sources du Moulin du Grand-Bichot, première source, vallée de l'Orvanne, affluent du Loing	22,30
Deuxième source, vallée de l'Orvanne, affluent du Loing	22,30
Source du Moulin aux Moines, vallée de l'Orvanne, affluent du Loing	22,30
Source du Moulin de Launay, vallée de l'Orvanne, affluent du Loing	23,00
Source de l'Abîme, près de Pilliers, vallée de l'Orvanne, affluent du Loing	22,10
Source de Villemer, affluent du Loing	21,50

	D. H.
Fontaine Carrée à Lorrez, le Lunain, affluent du Loing. . .	22,00
Source de Chaintreauville, près Nemours, vallée du Loing.	20,60
Gouffre de la Prairie. . . . . id.	20,60
Source de Nanchou, près de Vernon, vallée de Seine, près Montereau.	20,10
Source de la Levrière à Bezu, Vexin normand, affluent de l'Epte.	22,00
Source de l'Aunette, à la Bosse, Vexin français, affluent de l'Epte.	21,80
Source de Saint-Projet, vallée de l'Obton, affluent de la Vesgre, vallée d'Eure.	17,00
Source de l'étang de France, à Verneuil, vallée d'Arre, affluent de l'Eure.	17,00
Source de la Fosse aux Dames, vallée d'Iton, près d'Évreux, affluent de l'Eure.	18,50
Source d'Hondouville, affluent de l'Iton, aval d'Évreux. .	24,00
Fontaine-sous-Jouy, aval de Sainte-Colombe, vallée d'Eure.	27,50
Source de Cailly. . . . . id. . . .	21,00

La craie blanche de Champagne. — Sources réunies au fond des vallées principales.

Source de Sommesous, mai 1854; sources situées le long de la Somme; première branche de la Somme-Soude. .	14,00
Source de Conflans, 15 janvier 1855.	13,00
Fontaine-Rouge, 5 septembre 1855.	14,00
Le Popelet, 5 septembre 1855, Somme Soude.	4,00
Le Mont, source supérieure, août 1857, Somme Soude . .	14,00
Id. . . . . id. . . . mai 1854. . . . id.	12,00
Id. . . . . id. . . 4 sept. 1855. . . . id.	12,00
Source de Soudé Notre-Dame, mai 1854; sources situées dans la vallée de la Soude; deuxième branche de la Somme Soude.	12,00
Source de Soudé Notre-Dame, août 1855.	12,80
Autre source. . . id. . . . . id.	14,00
Source de Bussy-Lettré, 4 septembre 1855. . . . id. . .	13,50
Id. . . . . 20 août 1857. . . . . id. . .	13,50

	D. H.
Source de la Fontaine Coole, Coole, affluent de la Marne..	13,30
Source de la Vaure, à Vaurefroy, affluent de l'Aube.. . .	16,70
Source du Saule, à Charmont, la Barbuisse, affluent de l'Aube..	15,00
Source au-dessous de Marigny, l'Ardusson, affluent de la Seine..	15,00
Source de l'Orvain, à Somme-Fontaine, l'Orvin, affluent de la Seine..	12,00
Source de Fontenottes, amont de Marcilly, l'Orvin, affluent de la Seine.	17,00
Source du moulin de Marcilly, l'Orvin, affluent de la Seine	14,50
Source à Bourdenay, l'Orvin, affluent de la Seine.. . . .	14,00
Fontaine Nago, près Troyes, vallée de Vienne, affluent de la Seine.	17,80

Niveau d'eau de la craie marneuse. — Les principales sources se trouvent à la limite de la Champagne sèche et de la Champagne humide, en Normandie, à l'aval de Rouen et dans le pays de Bray.

Source de la ferme de Haute-Rivière, la Vère, bassin de la Marne..	20,00
Source du ruisseau de Parfondeval, la Vère, bassin de la Marne..	14,50
Source du ruisseau de Givry, affluent de l'Aisne.	18,30
Source de Rivers et Vanichon, à Vanault-le-Châtel, affluent de la Vère...	18,00
Source du Fion, à Saint-Lunier-en-Champ, affluent de la Marne..	22,00
Source du Robec, banlieue de Rouen..	16,10
Source de l'Aubette. . . id...	23,20
Source de la Clairette, à Deville, pays de Caux..	18,10

Les sables et les argiles qui forment la base du terrain crétacé.

Source du parc de Vaux, près Troyes, vallée de la Seine. .	7,00
Source du Bout-Rifflé, vallée du Therain, près Beauvais. .	7,68

	D. H.
Source de la pâture du Marais, près Beauvais.	12,00
Le puits de Grenelle. Résumé de toutes les eaux des grès verts. . . . . de 9,44 à	10,80

Degrés hydrotimétriques de quelques ruisseaux du système crétacé inférieur.

L'Orconté, près Frignicourt, bassin de la Marne.	17,50
Id. à Orconté. . . . . id.	10,00
La Bruxerelle, à Chéminon. . . . id.	14,80
Id. à Vitry-le-Brûlé. . id.	16,00
L'Ornel, à Saint-Dizier. . . . . . . id.	17,30
L'Isson, à St-Remy-en-Bouzemont. id.	23,00

SYSTÈME JURASSIQUE.

1° *Terrains oolithiques. — Ces sources surgissent toutes au fond des vallées principales. — Les coteaux et les vallées secondaires sont habituellement secs. — Eaux des calcaires durs. — Sources du Coral-rag.*

Source de la Place, près Châtel-Censoir, vallée d'Yonne. .	26,00
Source de Rechimée. . . . . id.	22,50
Source de Soulangy, près Tonnerre, vallée d'Armançon. .	21,00
Source de Verpilières, vallée d'Ource, affluent de la Seine.	19,00
Source de Mores. . . . . id.	23,50

Sources de la Grande-Oolithe.

Source de Saint-Moré, vallée de la Cure	23,00
Source du Moulinot, près d'Arcy. id.	21,20
Source de la Douix, à Châtillon-sur-Seine, vallée de la Seine.	23,50
Source de Courcelles-les-Rangs, vallée de la Seine. . . .	21,50
Fontaine de Brion, l'Ource, affluent de la Seine.	21,50
Source du puits de Bonnevaux, sources de la banlieue de Chaumont, vallée de la Marne.	20,30

	D. H.
Source de l'abbaye de Condes.	18,80
Source de Bué, vallée de la Suize, vallée de la Marne. . .	19,80
Fontaine de Chaumont. . . . . id.	20,00
Source du château Paillot. . . . . id.	19,00
Source du val des Ecoliers. . . . . id.	17,50

Eaux des calcaires marneux. — Sources du calcaire de Portland et des calcaires marneux de Kimmeridge.

Source de Belombre, vallée d'Yonne.	28,00
Fosse d'Yonne, à Tonnerre, vallée d'Armançon.	26,00
Fontaine des Dames, vers Saint-Parres, vallée de la Seine.	25,80

Sources des calcaires marneux d'Oxford.

Source de Bazarnes, vallée de l'Yonne.	28,00
Id. de Reigny, près Vermanton, vallée de la Cure. . .	34,00
Id. d'Ancy-le-Franc, vallée de l'Armançon.	24,50
Id. de Thoires, vallée de l'Ource, affluent de la Seine.	27,00
Id. de Belan-sur-Ource.	23,50
Id. de Préabbé, près Belan.	24,00
Id. de Riel-les-Eaux.	25,00
Id. du Clos à Champigny, près Riel.	25,00
Id. du moulin Pingat, à Autricourt.	28,00

Calcaire marneux de la terre à Foulon.

Fontaine d'Arlot, vallée de l'Armançon.	24,50
Fontaine de Sainte-Barbe, près Montbard, vallée de la Brenne, affluent de l'Armançon.	21,50

Niveau d'eau entre le calcaire à entroques, base des terrains oolithiques et le lias. — Source de l'Auxois, dans la Côte-d'Or, du bassin de Corbigny dans la Nièvre, et de la banlieue de Langres, dans la Haute-Marne.

Sources à Perrigny, près Guyon.

Première source, vallée du Serain.	16,00

	D. H.
Deuxième source, vallée du Serain	16,50
Source de Saint-Ayeul. . id.	20,00
Source de Crépan, près Montbard, affluent de la Brenne, bassin de l'Armançon.	17,00
Source de la Douille, à Montbard, bassin de l'Armançon. .	19,00
Source du Rabutin, à Bussy-Rabutin. . . id.	21,50
Fontaine de Darcey. . . . . id.	19,00
Fontaine des Thermes, à l'usine de Vassy, ruisseau du Bouchat.	19,50
Fontaine d'Annay-la-Côte, près d'Avallon, affluent de la Cure.	16,00

2° *Le lias. — Masse d'argile ou de calcaire argileux. — Sources peu importantes dans l'Auxois et le bassin de Corbigny.*

Source du ruisseau de la Grenouille, près Champien, affluent du Cousin.	30,00
Fontaine de Savigny, vallée du Serain, près Guillon (Yonne).	27,50
Fontaine Ronde, vallée du Serain.	32,00
Source de Montfaute. . . . id.	32,00
Source de Vaire. . . . . . id.	26,00
Source de Chaumont près l'usine de Vassy, près d'Avallon, le Bouchat, affluent du Cousin.	120,00

L'Arkose. — Base du lias. — Roches arénacées.

Fontaine d'Orbigny, près d'Avallon, vallée du Cousin. . .	11,00

Terrains granitiques du Morvan.

Fontaines d'Avallon.	
Source du Ruisseau d'Aillon, affluent du Cousin.	2,25
Source de la Grenetière. . . . . . . id.	2,00
Source de la Grosse-Mouille. . . . id.	2,25
Bornes-fontaines de la ville. . . . id.	2,25
Fontaine Sainte-Marthe, à Cousin-sous-Roche, vallée du Cousin.	7,00

	D. H.
Fontaine Bouchardat, à Cousin-la-Roche, près d'Avallon..	7,00
Fontaine de la Tour au Crible. . . . . . . id.	5,00
Source des Pannats. . . . . id.	4,20
Source dans le parc d'Orbigny. . . . . . . id.	5,00
Source de Champigny à l'Huis-Raguin, près Chastellux, vallée de la Cure.	3,45
Source de Sebreste, en face d'Urbigny, près Chastellux..	3,45

Il résulte des documents qui précèdent, que les sources du bassin de la Seine, doivent être classées ainsi qu'il suit par ordre de pureté.

1°	Sources du granit du Morvan et des arkoses qui donnent.	de	2°	à 11°
2°	*Id.* des sables de la craie inférieure, qui donnent.	de	7	à 12
3°	*Id.* des sables de Fontainebleau, qui donnent..	de	6	à 22
4°	*Id.* de la craie blanche, qui donnent..	de	12	à 17
5°	*Id.* de la craie marneuse. . . id.. .	de	14,50	à 22
6°	*Id.* du calcaire à entroques, base du système oolithique, qui donnent.	de	16	à 21,50
7°	*Id.* des calcaires de la Beauce (terrain tertiaire), qui donnent.. . . .	de	17	à 25
	Id. de la craie blanche recouverte de terrains tertiaires, qui donnent.	de	17	à 27,50
	Id. des roches oolithiques dures, qui donnent.	de	17,50	à 26
8°	*Id.* du niveau d'eau des marnes vertes, partie non gypsifère, terrains tertiaires éocènes, qui donnent. . .	de	20	à 30
9°	*Id.* du niveau d'eau de l'argile plastique, terrains tertiaires éocènes, qui donnent.	de	20	à 35
10°	*Id.* des terrains oolithiques marneux, qui donnent..	de	21,50	à 34

11°	Source des terrains tertiaires compris entre le dessus des calcaires de Saint-Ouen et l'argile plastique, qui donnent.	de 21,50	à 46
12°	*Id.* du niveau d'eau des marnes vertes et des marnes de gypse, partie gypsifère, sources de la banlieu de Paris, qui donnent. . .	de 23	à 155

M. Belgrand a complété l'analyse hydrotimétrique des eaux de source par celle de tous les cours d'eau du même bassin. Nous en empruntons le tableau au même Mémoire.

Essais hydrotimétriques de tous les cours d'eau du bassin de la Seine.

			D. H.
Seine.	Au bas du pont de l'Abbaye, à Châtillon. . .		21,52
Id.	A Goméville, vers la limite de la Côte-d'Or. .		21,71
Id.	A l'aval du moulin de Bar-sur-Seine.		18,60
Id.	En amont du confluent de l'Hozain		18,60
Id.	A Troyes.		18,60
Id.	A Nogent, entre l'Aube et l'Yonne.		17,50
Id.	Au port à l'Anglais, entre l'Yonne et la Marne.		16,78
Id.	A Paris, en amont du pont d'Austerlitz, rive droite, côté de la Marne. .	15 oct. 1857.	21,71
		3 août 1858.	18,95
Id.	A Paris, en amont du pont d'Austerlitz, rive gauche, côté de la Seine.. .	15 oct. 1857.	17,77
		3 août 1858.	17,86
Id.	A Paris, à la pointe de la Cité, sous le pont Louis-Philippe.		17,27
Id.	A Paris, à la Pointe de la Cité, sous le pont Louis-Philippe, dans le petit-bras.	15 oct. 1857.	17,96
		3 août 1858.	17,08

		D. H.
Seine.	A Paris, à la pointe de la Cité, dans le grand bras, à l'aval du Pont-Neuf.	17,77
Id.	A Paris, à l'estacade de la machine du Gros-Caillou.	18,46
Id.	A Paris, à l'estacade des machines de Chaillot. . . . . 15 oct. 1857.	18,85
	3 août 1858.	17,77
Id.	A l'aval de Paris, à l'estacade des machines d'Auteuil.	18,46
Id.	Au pont de Conflans, en amont du confluent de l'Oise. . . . . . . 8 septembre 1857.	19,00
	22 juillet 1858.	19,80
Id.	Au pont de Poissy, à l'aval du confluent d'Oise. . . . . . . 8 septembre 1857.	19,20
	22 juillet 1858.	20,25
Id.	Au pont du Manoir, en amont du confluent d'Eure. . . . . . . 12 septembre 1857.	18,75
	23 juillet 1858.	19,17
Id.	A Pont-de-l'Arche, en aval du confluent d'Eure. 12 septembre 1857.	18,60
Id.	Au pont de Brouilly. . . . 23 juillet 1858.	19,53
	Id.	18,60
	Id.	19,44
Aube.	A Montigny, vers la limite de la Côte-d'Or. .	20,73
Id.	A Arcy, dans la craie blanche.	17,80
Yonne.	A la sortie du Morvan (terrains granitiques), 7 octobre 1857.	1,10
	24 juillet 1858.	1,80
Id.	Au pertuis du Munoir, avant le confluent de la Cure, 24 juillet 1858.	16,00
	Id.	15,57
Id.	A Auxerre, à l'aval du confluent de la Cure, 8 octobre 1857.	14,81
	31 juillet 1858	11,88
Id.	A Sens, entre l'Armançon et la Seine, 6 octobre 1857.	14,81
	29 juillet 1858.	15,21

		D. H.
Marne.	A Chaumont. . . . . 5 octobre 1857.	17,00
	21 juillet 1858.	17,64
Id.	A St-Dizier, en aval des terrains Jurassiques.	16,25
Id.	A Vitry, en aval du confluent de la Saulx, 8 octobre 1857.	16,80
	6 août 1858.	16,38
Id.	A Epernay, à la sortie de la Champagne. . .	16,92
Id.	A Château-Thierry, commencement du terrain gypsifère.	17,28
Id.	A la Ferté-sous-Jouarre.	18,00
Id.	En amont du confluent de la Seine : grande masse gypsifère. . . . . 15 octobre 1857.	22,70
	3 août 1858.	20,43
Oise.	A Hirson à la sortie des terrains paléozoïques des Ardennes.	4,00
Id.	A Travecy, en aval du Noirrieu, en amont de la Serre.	19,13
Id.	A l'aval de la Fère et du confluent de la Serre et à l'entrée des terrains tertiaires.	14,89
Id.	A l'aval du pont de Pontoise.	22,05
Eure	Au bac, à Pintervilles, à l'amont de Louviers.	19,00
Ource.	Au bas du pont d'Autricourt, vers la limite de la Côté-d'Or.	21,22
Hozain.	En amont du confluent avec la Seine.	21,50
Barse.	En amont du confluent avec la Seine.	24,20
Cure.	A la sortie du Morvan, au pont de Saint-Pères, 8 octobre 1857.	1,50
	23 juillet 1858.	2,16
Id.	A l'amont du confluent d'Yonne, vers Cravant, 14 octobre 1857.	6,42
	22 juillet 1858.	6,66
Serain.	En amont de son confluent avec l'Yonne. . . .	17,64
Armançon.	id. . . . . id.	17,19
Blaise.	En amont de son cofluent avec la Marne, 8 octobre 1857.	26,60
	31 juillet 1858.	23,40

		D. H.
Ornain.	En amont de son confluent avec la Saulx, 8 octobre 1857.	20,20
	6 août 1858.	20,70
Saulx.	En amont de son confluent avec la Marne, 6 août 1858.	21,22
	Id.	19,62
Serre.	A Pont à Bucy, à 10 kilomètres en amont de son confluent avec l'Oise.	16,17
Noirrieu.	A Tapigny, un peu en amont de son confluent avec l'Oise.	15,87
Blaise.	A Dreux, avant son confluent avec l'Eure. . .	18,00
Iton.	A Saint-Germain de Navarre, à l'amont d'Evreux..	19,00

CHAPITRE VI

DES MATIÈRES QUI ALTÈRENT LA PURETÉ DE L'EAU. — ANALYSES.

Matières combinées. — Quantité que les *eaux publiques* en peuvent supporter. — Des carbonates. — Théorie erronée. — Expériences de M. Chossat, de M. Boussingault. — Une observation médicale. — Tableau des quantités de substances fixes et de matières organiques contenues dans différentes eaux.

Les matières qui altèrent la pureté de l'eau sont suspendues et troublantes ou dissoutes et combinées.

Les matières suspendues s'éliminent par le repos ou le filtrage, dont il sera amplement question plus loin.

Les matières combinées sont minérales ou organiques. Pour les distinguer et les reconnaître il faut avoir recours à l'analyse chimique et à ces longues opérations du laboratoire, dont nous avons donné une idée dans le chapitre précédent.

Les matières combinées, quand elles n'existent point en excès, ne sont pas nuisibles. Sous ce rapport une eau, pour être potable, ne doit pas contenir plus de 0gr. 60 de matières salines et plus de 0gr. 01 de matière organique.

Au-dessus de ces quantités, il y a excès, et, par conséquent, l'usage des eaux qui sont affectées de cet excès est dangereux pour la santé.

Les matières minérales contenues ordinairement dans les eaux, comme on l'a déjà vu, sont des carbonates, des sulfates, des hydrochlorates, des azotates, terreux ou alcalins, et de l'oxyde de fer. Tout le monde est d'accord sur le degré d'insalubrité de chacune de ces substances, en exceptant les carbonates, dont la présence dans l'eau a paru utile à des esprits prévenus.

L'opinion, une opinion toute récente, s'est établie, en effet, tendant à admettre qu'une petite quantité de chaux 0,02 à 0,04 par litre d'eau, paraît être une condition *fort utile* pour la bonne qualité des eaux. On est allé même jusqu'à prétendre que les bonnes eaux doivent renfermer des carbonates dans cette proportion.

Ceci est directement contraire au principe qui dit qu'une eau est d'autant meilleure qu'elle est plus pure chimiquement et aérée.

L'origine de cette opinion, au surplus ne remonte pas bien loin. Comme nous avons eu l'occasion de la réfuter dans une note lue à l'Académie des sciences, (séance du lundi 13 octobre 1862) nous reproduisons cette note textuellement.

HYGIÈNE GÉNÉRALE. — *De la présence du carbonate de chaux dans les eaux publiques.*

Une opinion s'est manifestée dans ces derniers temps, touchant la chaux dans les *eaux publiques.* Quelle est la valeur de cette opinion et comment s'est-elle formée ?

En 1840, un médecin de Lyon, M. Dupasquier (1), avança dans un livre, cette proposition, que les eaux potables doivent contenir une certaine quantité de carbonate de chaux. Il l'affirma comme une découverte. « J'appelle avec confiance, dit-il, l'attention du lecteur sur les aperçus nouveaux, que présente mon travail, » et dans ces aperçus nouveaux, il comprend *le rôle assigné par la nature, au carbonate de chaux dans l'acte de la digestion.*

M. Dupasquier appuya sa proposition, sur les considérations suivantes : « Les effets thérapeutiques du « carbonate de chaux, disait-il, effets bien connus, « expliquent l'utilité de sa présence dans les eaux po- « tables... les médecins emploient souvent le carbo-

(1) Il était aussi professeur de chimie ; et, en cette qualité, il fut chargé d'examiner des eaux de source qu'on voulait dériver sur Lyon et de les comparer aux eaux du Rhône. Il prit parti pour les premières ; et il publia un volume, pour démontrer qu'il fallait leur donner préférence. Son opinion explicite et très-longuement déduite ne fut point suivie ; car ce sont les eaux du Rhône qui circulent aujourd'hui dans les rues de Lyon et qui coulent de ses fontaines.

« nate de chaux (yeux d'écrevisses, craie) dans les « *embarras gastriques*, les *aigreurs des premières voies*... « il opère en saturant les acides de l'estomac, et en « stimulant la membrane muqueuse... rien n'est donc « plus certain, et plus évident que l'action utile de ce « sel dans l'acte de la digestion. » (Alph. DUPASQUIER des eaux de source et des eaux de rivière, page 93, Lyon 1840). (1).

Ce sont là des considérations thérapeutiques et pathologiques. M. Dupasquier ne donne pas d'autre raison ; il n'apporte point d'expériences qui lui soient propres ; il argue des tablettes de Vichy « qui, dit-il, *excitent l'action digestive.* »

Deux ans plus tard, M. Chossat, entreprit de nourrir des pigeons, avec du blé pour aliment unique. Les

(1) Un chimiste illustre, qui a suivi les idées de l'auteur lyonnais s'exprime de la manière suivante, à ce propos. « Si un excès de sels calcaire, dit-il, rend l'*eau nuisible et malsaine*, une certaine quantité, l'expérience nous l'apprend (quelle expérience?) la rend plus salubre et plus facile à digérer ; soit que cet effet provienne de l'action physiologique et de la saveur du sel de chaux ; soit qu'il faille l'attribuer à la présence de l'acide carbonique nécessaire pour tenir le carbonate de chaux en dissolution. »

On convient donc que les sels calcaires rendent l'eau nuisible et malsaine. L'explication physiologique et même chimique n'ôte rien au vice du raisonnement. Si les sels calcaires, pris en certaines proportions, rendent l'*eau nuisible et malsaine ;* comme la proportion supportée par l'un n'est pas la même que celle qu'en pourra supporter un autre, la sensibilité organique étant aussi variée que les conformations individuelles et les tempéraments, on ne peut évidemment pas attribuer à tous, ce qui, dans certaines proportions, peut être nuisible aux uns ou aux autres ; et qui, en définitive, n'est réellement avantageux qu'à un certain nombre.

animaux engraissèrent d'abord, ils augmentèrent de poids. Au bout de deux mois ils se mirent à boire, avec excès, et à prendre jusqu'à huit fois plus de boisson que dans l'état normal; puis ils maigrirent, et finalement ils succombèrent, du huitième au dixième mois. M. Chossat, s'assura que leurs os s'étaient amincis, que le principe calcaire (phosphate de chaux) qui entre dans leur composition, avait disparu ; et il tira de l'expérience, les deux conclusions qui suivent :

1° Les sels calcaires déposés dans le tissu osseux, peuvent être résorbés quand les animaux ne trouvent pas dans leur nourriture une quantité de principes calcaires suffisants.

2° Le blé seul, pour toute nourriture, conduit les pigeons à l'inanition. La nutrition de ces animaux au contraire est complète, lorsqu'on ajoute au blé une faible quantité de carbonate de chaux. (Comptes-rendus, tome 14, page 451.)

En 1846, M. Boussingault, entreprit des expériences dans une autre direction. Le savant et habile chimiste fit connaître les deux observations suivantes :

Dans les huit premiers mois de sa croissance, un porc avait assimilé 701gr de chaux, soit 2gr 08 de chaux par jour. Un autre porc, à partir du huitième mois, et pendant 93 jours, n'avait assimilé que 150gr, 1gr 06 de chaux par jour. M. Boussingault, explique la différence dans la quantité assimilée par jour, entre les huit mois et les 93 jours, par la nécessité de l'accroissement des os, dans les premiers mois.

Le second animal était soumis au régime exclusif des pommes de terre. Ces pommes de terre ne contenaient que 98gr de chaux; les 52gr trouvés, en surplus, venaient de l'eau dans laquelle on avait délayé l'aliment et qui en contenait 179gr, c'est-à-dire une quantité supérieure à celle dont le système osseux du porc avait profité.

Voilà donc tout ce que la science possède sur la question, une théorie et deux expériences de chimie physiologique. Peut-on en tirer légitimement la conclusion, que la présence du carbonate de chaux est nécessaire dans les *eaux publiques ?*

En disant que les *eaux publiques* doivent contenir du carbonate de chaux, parce que ce sel excite l'action digestive de l'estomac, M. Dupasquier a conclu du particulier au général. Tous les estomacs n'ont pas besoin que leur action digestive soit excitée. Dans une population c'est le moindre nombre, ce sont les estomacs débilités qui ont ce besoin et qui l'ont d'une manière transitoire; tandis que, constamment, tous, sans exception et sans interruption, ont besoin d'eau, et d'eau pure; et quand on parle *d'eau pure,* on ne parle pas de *carbonate de chaux.*

Les considérations thérapeutiques et pathologiques, invoquées par M. Dupasquier, ne prouvent pas davantage. Les embarras gastriques, les aigreurs des premières voies, c'est de la pathologie. L'emploi des yeux d'écrevisse, de la craie, des pastilles de Vichy, c'est de la matière médicale. Or, on ne conclut pas des conditions de la maladie, à celles de la santé; et de ce que telle substance est utile pour rétablir un estomac malade ou débilité, on ne peut pas conclure que cette même substance est nécessaire pour la nutrition de l'homme sain et dont l'estomac jouit de toute sa vigueur. En pareil cas même la prudence médicale ordonne de se préoccuper plutôt de la possibilité du contraire.

Voilà pour la théorie de M. Dupasquier.

Pour ce qui regarde les expériences de M. Chossat, ce physiologiste n'a pas considéré que ses pigeons ayant maigri, perdu leur embonpoint musculaire, leur graisse, il y avait eu dans leur économie, autre chose de résorbé que la partie terreuse des os. Ensuite n'est-il pas d'expérience journalière, n'est-ce pas ce qu'il y a de mieux démontré, en physiologie expérimentale, qu'une nourriture identique et uniforme entraîne l'inanition? Le pigeon nourri exclusivement avec le blé additionné de carbonate de chaux aurait donc succombé à la longue, comme celui qui avait été alimenté avec le blé pur.

Quant aux expériences de M. Boussingault, en les rapprochant de celles de M. Chossat, on voit aisément qu'elles ne sont pas comparables. Les sujets diffèrent en tout : d'une part des pigeons et de l'autre des porcs.

Les facultés de leur estomac sont diverses, les pigeons de M. Chossat ne trouvent pas dans l'eau ce que les porcs de M. Boussingault en retirent surabondamment.

Il est vrai qu'ils n'ont pas eu à boire la même eau, objection sans portée, à moins que l'abreuvoir des cages n'ait été alimenté avec de l'eau distillée.

En définitive, si on étend les conséquences de ces faits plus loin que M. Boussingault n'a jugé légitime de les étendre, on risque de tomber dans l'absurde. En effet, les os ne sont pas formés de chaux seulement; ils se composent aussi de gélatine et de phosphore. Si pour les besoins de l'ossification, on veut que les *eaux publiques* contiennent de la chaux, on doit vouloir aussi, pour le même objet, qu'elles contiennent de la gélatine et du phosphore. On voit où mène un semblable raisonnement.

Ainsi la théorie de M. Dupasquier pèche par la base, et les expériences de M. Chossat sur l'inanition et de M. Boussingault sur la nutrition sont insuffisantes pour la soutenir (1).

(1) Pour bien des esprits il n'y a que les faits qui prouvent. Quelle est donc la valeur des faits eux-mêmes, comparés aux raisonnements auxquels ils peuvent servir de base? Le fait résulte de l'observation matérielle : le raisonnement est le travail absolu de l'esprit sur le fait observé : le raisonnement est une pure abstraction. « Serait-il vrai que toute abstraction fut une erreur? Ce préjugé est d'autant plus spécieux qu'il semble donner plus de solidité aux connaissances matérielles, en écartant tout ce que la pensée humaine ajoute aux vérités de la nature. Mais on oublie que la connaissance

Il nous reste à demontrer par les faits, que l'application générale d'une pareille théorie peut n'être pas sans danger; et que des *eaux publiques*, contenant des carbonates calcaires, même en faible quantité, ont été quelquefois nuisibles.

On trouverait là-dessus et par milliers des faits probants dans l'histoire de la médecine pratique. Un seul suffit à la démonstration.

« Le bicarbonate de chaux, dit M. Guérard, tant qu'il ne dépasse pas la dose de 0,0005, est regardé comme un élément utile dans *certaines conditions de la digestion stomacale*; néanmoins, il est des personnes qui se trouvent incommodées de l'usage des eaux chargées, *même assez légèrement*, de ce sel. Je connais une famille, dont le chef, pendant un séjour de plusieurs années à Dieppe, où le retenaient ses fonctions, ne put se soustraire au dérangement de santé que lui causait l'usage des eaux calcaires, fournies par les fontaines de cette ville, qu'en s'astreignant à ne les employer qu'après les avoir fait soumettre à l'ébullition. » (ALPH. GUÉRARD, *thèse pour la chaire d'hygiène, page* 22, *Paris* 1852.)

Nous avons dit qu'un seul fait suffisait à la démonstration. C'est un principe capital dans l'hygiène pu-

d'un seul fait est elle-même une abstraction; car un objet ne pouvant être connu que par l'énumération de ses propriétés, et ses propriétés ne pouvant être appréciées que par la comparaison, l'individualité d'un fait se compose évidemment d'une somme de rapports; or tout rapport est une abstraction.» SERRES, *Principes d'embryogénie*, préface, p. 2.)

blique : quand il s'agit de mesures à prendre pour le salut d'une population, la nécessité de conjurer un danger qui s'est avéré, même une seule fois, justifie toutes les précautions rationnelles préventives.

En rendant compte de ma lecture académique, le savant et consciencieux rédacteur de la *Gazette des Hôpitaux*, M. le docteur Brochin, s'est étonné que nous n'ayons cité qu'un fait à l'appui de la thèse. L'importance du sujet exige que nous reproduisions la réponse que nous lui avons adressée et qu'il a insérée dans la *Gazette des Hôpitaux* du mardi 4 novembre 1862.

C'est à dessein que j'ai cité un fait unique pour démontrer que la *présence du carbonate de chaux dans les* EAUX PUBLIQUES, peut être nuisible ; mais un fait incontestable, réunissant toutes les conditions d'authenticité et de certitude ; car il est emprunté à un contemporain, à un auteur vivant, à un membre distingué de l'Académie de médecine, à un observateur indépendant, à un praticien estimé et autorisé par des études spéciales ; et il a été précisé dans une thèse publique, c'est-à-dire dans un écrit imprimé, et, par la nature même de son objet, prédestiné à la discussion.

C'est encore à dessein que j'ai affirmé qu'un seul fait était suffisant pour la démonstration en pareille matière.

Il y a sous cette affirmation un principe capital dont

je tiens à faire ressortir l'importance et la valeur réelles.

Les eaux publiques constituent l'une des plus grosses questions de l'hygiène générale et particulière ; peut-être même est-elle la plus grosse. En fait d'aliments on peut tout remplacer, excepté l'eau ; il faut de l'eau pour tous et partout, et il est bien évident que l'on doit préférer la meilleure.

Si l'eau qu'on me distribue m'incommode, et si, en faisant bouillir cette eau pour en éliminer le carbonate de chaux, elle ne m'incommode plus, je suis autorisé à affirmer que cette eau, telle qu'elle m'arrive, et avant que je l'aie fait bouillir, n'est pas une bonne eau pour moi.

Nierez-vous que ce que je dis pour moi, beaucoup d'autres individus, dans l'ensemble d'une population agglomérée, puissent être dans le cas de le dire aussi pour eux-mêmes ?... Mais une eau destinée à tous, il ne faut pas cesser de le répéter, devant être bonne pour tous, je suis donc autorisé à conclure que celle qui n'est pas bonne pour moi, par cela seul qu'elle contient du carbonate de chaux, et qui peut n'être pas bonne pour d'autres, n'est réellement pas bonne pour tout le monde.

Maintenant, si vous en venez aux conséquences pratiques, le principe n'est pas loin :

Quand il s'agit de la santé publique, la constatation d'un danger, éprouvé même une seule fois par un seul, justifie et prescrit toutes les mesures rationnelles préventives.

C'est là de la haute hygiène, vous pouvez m'en croire : il n'y a point ici de place pour les résultats numériques ; de pareilles questions ne se décident point à la majorité des voix.

La contagion de la fièvre jaune a, dans le temps, beaucoup occupé l'Académie de Médecine. M. Chervin avait ramassé les témoignages des médecins de tous les pays où la fièvre jaune avait apparu. Il voulait qu'on supprimât les lazarets, parce que les certificats des médecins contagionistes *étaient* infiniment moins nombreux que ceux des médecins qui ne croyaient pas à la contagion. Des faits contraires étaient allégué par les opposants de côté et d'autre. — Y a-t-il un seul de ces faits où le développement de la fièvre jaune *soit douteux seulement?* demanda un académicien. — Si *oui,* la question est jugée. Et elle le fut en effet dans le sens de la conservation des lazarets et de l'amélioration de leur régime.

L'exposé que nous venons de faire démontre combien il serait important de connaître les qualités des eaux de toute espèce que la France possède.

En 1849, M. Dumas, alors ministre du commerce et des travaux publics, se préoccupa de cette question; et il ordonna la formation d'une commission spéciale, qui a publié l'annuaire des eaux de la France pour l'année 1851.

Cette commission fit appel à tous les savants qui pouvaient l'aider dans sa tâche. Un petit nombre répondit à ses désirs. Le plus zélé, sans aucun doute, fut M. Fauré, de Bordeaux, dont nous avons déjà eu l'occasion de mentionner l'excellent travail. Il alla chercher lui-même ses échantillons dans chacun des quarante-huit cantons de son département et il employa trois ans à leur étude.

Le tableau suivant est le relevé de toutes les analyses que nous avons pu recueillir tant, dans l'*annuaire* que dans le livre de M. Fauré et ailleurs.

TABLEAU des quantités de substances fixes, minérales et organiques contenues dans les eaux analysées de différents départements.

N. B. — Les chiffres expriment des grammes et des décimales du gramme. Une eau n'est pas insalubre et peut être déclarée potable, quand elle contient, en matières salines, 0,60 centigrammes seulement, et en matières organiques, pas plus de 0,01 centigramme.

ORIGINES ET LOCALITÉS.	Quantité de substances minérales pour un litre d'eau analysée.	Quantité de matières organiq. pour un litre d'eau analysée.
Département de l'Aube.		
Troyes, eaux de la Vienne, en face du fort Chevreuse	0,1980	—
— Puits du faubourg Croncels, à la poste aux chevaux	0,8200	—
— Puits de l'hôtel du Commerce, recherché par les habitants	0,4100	—
Département de l'Aisne.		
Saint-Quentin, puits artésien de la gare	0,2600	—
Département de l'Aveyron.		
Rodez, Puits de la Chartreuse	0,2872	—
— — de l'école normale	0,4411	0,0091
— — séminaire	0,5795	0,0061
— — préfecture	0,6941	0,0083
— — lycée	1,0015	0,0097
— — évêché	1,2727	0,0094
— — de la place du Bourg	1,2737	0,0113
— — — de la Madeleine	1,6187	0,0096
— — — de la Cité	2,9746	0,0231

Département du Cher.

	S. M.	S. O.
Reuilly, chemin de fer du Centre station entre Vierzon et Issoudun. Eau de la fontaine	0,2720	—
Nérondes, eau de la station	0,6000	—
Bengy, puits de la station entre Bourges et Nérondes	0,9070	—
Vierzon, eau du canal du Berry	0,4054	—

Département de la Côte-d'Or.

Dijon, eau du Suzon	0,2607	—

Département du Doubs.

Besançon, Doubs, rivière	0,1310	0,018
— — en amont de la ville	0,2302	—
— Source de Brégille	0,2799	—
— — de la Mouillère	0,3085	—
— — de Billeul	0,3307	—
— — d'Arcier	0,2831	—
— Puits de la grand'rue	0,5340	—
— — de la rue de la Préfecture	0,5410	—
— — de la Faculté des sciences	0,8616	—

Département d'Eure-et-Loir.

Chartres, eau de l'Eure	0,1764	—
— puits de la station	0,7936	—

Département de la Haute-Garonne.

Toulouse, place Saint-Etienne	0,5000	—
— puits	0,7966	—
— Garonne	0,1367	—

Département de la Gironde.

Analyses de M. Fauré.

1. — PLAGES ET COURS D'EAU DU DÉPARTEMENT.

	S. M.	S. O.
Océan, à Arcachon, sur la plage.	38,727	0,052
— à Cordouan, à la Tour.	35,905	0,043
— à Royan, à Foncillon.	32,550	0,054
— pointe de Grave.	34,250	0,046
Gironde, au Verdon, au large.	33,475	0,052
— à Richard, au large.	33,105	0,042
— à la Maréchale.	13,767	0,027
— à Pouillac, en rade.	8,974	0,012
— à Blaye, au Pâté	5,298	0,010
Dordogne, à Bourg, au large.	0,765	0,009
— à Bourg, sur les bords.	0,282	0,008
— à Libourne.	0,357	0,004
— à Brannes.	0,153	0,006
— à Castillon.	0,172	0,005
— à Sainte-Foy.	0,130	0,006
Garonne, à Castets.	0,145	0,003
— à Langon.	0,162	0.005
— à Cadillac	0,168	0,005
— à Bordeaux, haute mer.	0,166	0,006
— — basse mer.	0,174	0,009
— à Lormont.	0,156	0,006
— à Bassens, haute mer.	0,237	0,006
— au Bec d'Ambez, haute mer.	0,545	0,005
L'Isle, à Abzac.	0,269	0,015
— à Laubardemont.	0,167	0,007
— à Libourne.	0,147	0,005
La Dronne, à Coutras.	0,205	0,017
Le Drot, à Monségur.	0,264	0,041
La Lerre, à Biganos.	0,078	0,018
Le Ciron, à Villandrault.	0,149	0,041
— à Barsac.	0,137	0,013
Le Mouron, à Magrigne.	0,304	0,034

	S. M.	S. O.
La Saye, près le pont de Girard.	0,191	0,026
Le Lary, ...	0,260	0,027
La Soulége, à Caplong.	0,229	0,022
Le Ségnol, à Margueron.	0,173	0,028
L'Andouille, à Roquebrune.	0,241	0,042
La Durèse, à Listrac.	0,238	0,005
L'Angranne, près Saint-Genis.	0,225	0,024
Le Lizos, à Aillas.	0,197	0,018
La Bassanne, ...	0,244	0,017
Le Barthos, à Lavazan.	0,258	0,026
Eau Bourde, à Canéjean.	0,239	0,026
Eau Blanche, à Léognan.	0,289	0,034
La Jalle, à Blanquefort.	0,164	0,032

2. — SOURCES, FONTAINES ET PUITS.

1er Arrondissement.

Blaye, fontaine publique.	0,250	—
Bourg, —	0,508	—
Gauriac, source	0,445	0,006
Bayon, — du Caillou.	0,403	0,008
— — du sol.	0,316	0,006
Etauliers, source Perrault.	0,126	0,022
Saint-Savens, source de la Garenne.	0,281	0,004
Blaye, puits de l'hôtel du Lion d'Or.	0,352	0,002
S. C. Lalande, puits de Vincent.	0,315	0,006
— de Joly.	0,339	0,004
— de Cazenave.	0,285	0,005
Saint-Aubin, puits du bourg.	0,320	0,003
Bourg, du district.	0,958	0,004
Comps, bourg.	0,784	0,003
Gauriac, bourg.	0,878	0,004
Bayon, bourg.	0,634	0,005
Etauliers, public.	0,772	0,005
Saint-Savin, bourg.	0,760	0,003
Cavignac, public.	0,975	0,014

2e Arrondissement.

	S. M.	S. O.
Libourne, fontaine de la Halle.	0,355	0,007
— de la rue de Guitres.	0,337	0,008
— des lavoirs.	0,277	0,006
— Redeuilh.	0,339	0,008
Saint-Emilion, du roi.	0,313	0,008
— de la place.	0,421	0,005
Baron, source S.	0,387	0,011
Castillon, fontaine de la Grave	0,365	0,005
— Tranchard.	0,162	0,008
— Peyronin.	0,226	0,008
Coutras, fontaine Vidal.	0,189	0,002
Sainte-Foy, porte de Bergerac.	0,491	0,002
Cadillac-sur-Dordogne, du Branda.	0,468	0,008
Guitres, Grinchant.	0,529	0,006
Lussac, Picot.	0,272	0,005
— Picanpot.	0,383	0,009
Puysseguin, fontaine publique.	0,347	0,012
Guitres, de Caze.	0,753	0,007
— ancienne fontaine.	0,721	0,005
Libourne, puits de l'hôtel des Princes.	0,526	0,007
— — de la place d'armes.	0,500	0,008
— — de la Halle.	0,518	0,007
Coutras, — du château.	0,175	0,002
Abzac, — du bourg.	0,314	0,010
Saint-Médard de Guiziers, puits de M. Camus.	0,479	0,006
Fronsac, puits du bourg.	0,550	0,006
Brannes, bourg.	0,990	0,009
Baron, —	0,959	0,007
Espiet, —	0,677	0,004
Guitres, —	0,910	0,008
Saint-Denis de Piles, bourg.	0,681	0,004
Marancin, bourg.	0,938	0,005
Cadillac-sur-Dordogne, public.	0,629	0,007
Rauzan, bourg.	0,789	0,006
Castillon, puits de la place.	1,273	0,008

	S. M.	S. O.
Castillon, puits de l'hôtel des diligences. . . .	1,388	0,008
Sainte-Foy, — — id.	1,288	0,007
— puits à l'entrée de la ville.	1,386	0,010
— puits-fontaine de la grande place. . .	1,325	0,010
— — près de l'église. . . .	1,410	0,014
Lussac.	1,232	0,004
Pujols.	1,466	0,006
Gensac.	1,391	0,012

3e Arrondissement.

La Réole, fontaine du Turon.	0,584	0,011
Saint-Maixant, — château Lavison.	0,331	0,008
Monségur, — publique.	0,305	0,003
Saint-Maixant, puits du château de Lavison. .	0,426	0,004
Sauveterre, — caserne de la gendarmerie.	0,458	0,005
La Réole, puits-fontaine, public.	0,710	0,006
Saint-Macaire, ville.	0,949	0,008
Monségur, ville.	0,640	0,004
Pellegrue, bourg.	0,833	0,004
Saint-Ferme, bourg.	0,657	0,006
Sauveterre, de la halle.	0,858	0,007
Mauriac, bourg.	0,912	0,006
Targon, bourg.	0,969	0,006
La Réole.	1,034	0,010
Gironde.	1,038	0,003
Caudrot.	1,162	0,003
Roquebrune.	1,211	0,009

4e Arrondissement.

Bazas, fontaine du Bourreau.	0,371	0,005
— — d'Ausonne.	0,293	0,003
— — d'Espans.	0,386	0,006
Captieux, fontaine Lagne.	0,086	0,006
Grignols, Presbos.	0,243	0,006
Langon, fontaine de la place.	0,447	0,010
— — du Brion.	0,373	0,005

	S. M.	S. O.
Villandrault, fontaine du Credo	0,219	0,006
Barie, puits du bourg	0,518	0,005
Langon, puits public	0,510	0,004
Castets-en-Dorthe, puits du bourg	0,385	0,003
Fontenne, puits du collége	0,472	0.005
Bazas, ville	0,936	0,008
Cudos, —	0,733	0,007
Auros, —	0,701	0,003
Lavezan, —	0,601	0,004
Grignols	1,029	0,011
Bazas, Trou d'enfer	0,742	0,004
— fontaine Bragons	0,918	0,007
— — des Capucins	1,179	0,009
5e Arrondissement.		
Bordeaux, sources d'Arlac et du Tondut	0,245	0,002
— — Figuereau	0,535	0,002
— — Lagrange	0.422	0,002
— — Enfants-Trouvés	0,393	0,003
Bègles, source Jeantet	0,434	0,010
— — Jocquel	0,427	0,006
Caudéran, frères Arnaud	0,482	0,002
Talence, Tomasson	0,425	0,004
Bouscat, rue de la Seppe	0,486	0,005
— propriété Bresson	0,390	0,003
Bruges, bourg	0,252	0,009
Eysines, Cantinolle	0,355	0,010
— propriété Boué	0,354	0,004
— — Abiet	0,287	0,004
Taillan, source mère, au Thil	0,235	0,004
— sources du Thil réunies	0,282	0,006
— — Lapène	0,270	0,004
— toutes les sources réunies	0,279	0,006
— fontaine du bourg	0,308	0,004
Ludon, Dufour-Dubergier	0,217	0,011
Arcins, source	0,302	0,028
Castelnau, fontaine publique	0,413	0,006

	S. M.	S. O.
Margaux, fontaine Mariotte..........	0,591	0,010
Soussans, source...............	0,508	0,010
Gradignan, Montjaux.............	0,334	0,004
Mérignac, source...............	0,276	0,007
Villenave-d'Ornon, source..........	0,317	0,007
Leognan, source romaine............	0,290	0,005
— moulin de Vayres.........	0,317	0,008
Castres, fontaine du port...........	0,281	0,009
Saucats, source................	0,318	0,014
Carbonblanc, fontaine des ladres........	0,367	0,006
Floirac, Monrepos...............	0,494	0,005
Lormont, fontaine publique...........	0,335	0,009
Saint-Loubés, ancien prieuré.........	0,505	0,006
Cenon-la-Bastide, source Delbos........	0,363	0,006
— — Dussault......	0,295	0,004
— — Faure Laubarède..	0,311	0,002
Carignan, fontaine Bellefond..........	0,546	0,003
Podensac, source...............	0,259	0,003
Illats, fontaine publique............	0,292	0,004
Cadillac. —...............	0,278	0,007
Langoiran, source...............	0,304	0,007
Saint-André-de-Cubzac, fontaine publique...	0,598	0,010
— — Boudeau....	0,228	0,009
Budos, font bonne...............	0,332	0,002
Portets, fontaine publique...........	0,304	0,006
Bordeaux, puits brondel, à Belleville.......	0,498	0,004
— — manufacture des tabacs....	0,413	0,009
Caudéran — bourg..............	0,521	0,006
Talence, — bourg..............	0,542	0,004
Bouscat, — bourg..............	0,496	0,006
Bruges, — bourg..............	0,415	0,014
Le Taillan, — bourg..............	0,529	0,006
Eysines, — M. Abiet............	0,546	0,010
Pessac, — bourg..............	0,474	0,009
Canéjean, — —..............	0,381	0,008
Gradignan, — —..............	0,563	0,007
Mérignac, — —..............	0,470	0,007

			S. M.	S. O.
Villenave d'Ornon,	puits,	bourg.	0,513	0,005
Cestas,	—	—	0,434	0,013
La Brède,	—	public.	0,390	0,014
—	—	maison Montesquieu.	0,589	0,018
Léognan,	—	bourg.	0,485	0,007
Saucats,	—	—	0,473	0,008
Castres,	—	haute plaine.	0,511	0,007
—	—	basse plaine.	0,545	0,011
Bouillac,	—	bourg.	0,505	0,006
Floirac,	—	Villa Rosa.	0,453	0,003
Lormont,	—	du bourg.	0,429	0,002
Cenon-la-Bastide,	—	sur le coteau.	0,529	0,002
La Grande Sauve,	—	du collége.	0,453	0,002
Podensac,	—	du bourg.	0,327	0,002
Barsac,	—	—	0,529	0,006
Portes,	—	—	0,478	0,006
Langoiran,	—	—	0,560	0,008
St-André-de-Cubzac	—	—	0,575	0,009
Bordeaux,	Hospice Saint-Jean,	cour des hommes.	0,827	0,007
—	—	des femmes.	0,760	0,006
—	Abattoir général.		0,880	0,009
—	Grand séminaire, puits à pompe.		0,808	0,007
—	—	— de jardin.	0,880	0,008
—	De l'or.		0,960	0,006
—	Des incurables.		0,816	0,008
—	De Paludate.		0,856	0,010
—	De l'hôpital militaire, buanderie.		0,742	0,005
—	—	service général.	0,760	0,004
—	Hôpital Saint-André.		0,964	0,006
—	Cours Champion, public.		0,706	0,007
—	Caserne des fossés, cavalerie.		0,794	0,006
—	—	infanterie.	0,799	0,008
—	Des Cordeliers, bains publics.		0,880	0,007
—	De la rue Bouquière.		0,999	0,010
—	De la rue du Loup.		0,843	0,006
—	De la rue Saint-Seurin.		0,731	0,009
—	Des Allées d'Amour.		0,729	0,005

	S. M.	S. O.
Bordeaux, De la rue Cap-de-Ville.	0,723	0,006
— Barguet Carayou.	0,934	0,007
— De la rue de Lerme.	0,649	0,004
— De la place Picard.	0,748	0,008
— Du cours du jardin public.	0,895	0,008
— De la rue Hustin.	0,668	0,004
— Des sourds-muets.	0,914	0,008
— De la Croix de Seguey.	0,607	0,006
Bègles, du bourg.	0,622	0,004
Eysines, —	0,626	0,012
Macau, —	0,803	0,008
Ludon, —	0,919	0,012
Margaux, —	0,671	0,020
Soussans, —	0,630	0,017
Carbon-Blanc, du bourg.	0,914	0,009
Bordeaux, du Maucailloux.	1,058	0,011
— de la place Canteloup.	1,028	0,009
— du Marché Neuf.	1,202	0,013
— de la rue du Mirail.	1,394	0,009
— du petit séminaire.	1,205	0,009
— de l'asile des femmes aliénées, buanderie.	1,007	0,012
— de l'asile des femmes aliénées de La Chapelle.	1,036	0,014
— de l'hospice des vieillards.	1,123	0,008
— de la caserne Saint-Raphaël.	1,022	0,008
— — Ségur.	2,075	0,009
— du grand marché.	1,060	0,009
— impasse Mauriac.	1,292	0,012
— de la rue Saint-Siméon.	1,053	0,008
— fontaine Daurade.	3,065	0,014
— des fossés de l'intendance.	1,426	0,013
— de la porte Dijeaux.	1,084	0,009
— de la rue du Palais Galien.	1,763	0,012
— de la rue Laroche.	1,131	0,007
— du pavé des Chartrons.	1,262	0,006
— du quartier des Chartrons.	1,422	0,009

	S. M.	S. O.
Bordeaux, du magasin des vivres.	2,763	0,008
— de Bacalan.	2,712	0,011
— de la rue de la Course.	1,168	0,005
— des allées des noyers.	1,341	0,007
— de la fontaine d'Audége.	1,037	0,011
Blanquefort, du bourg.	1,031	0,009
Ambarès, —	1,631	0,008
Saint-Loubès, —	1,870	0,010
Créon, —	1,015	0,009

6e Arrondissement.

Pauillac, fontaine du jardin, Château Lafitte . .	0,311	0,010
— — du cuvier.	0,452	0,015
— puits du bourg.	0,438	0,007
St-Laurent, —	0,457	0,016
Lesparre.	1,035	0,010
Civrac.	1,019	0,011
Queyrac.	1,012	0,013
Saint-Estèphe.	1,031	0,006

3. — ÉTANGS, LAGUNES, MARAIS ET LANDES.

Étangs.

Hourtins.	0,190	—
Lacanan.	0,168	—
Cazeaux ou Sanguinet.	0,196	—

Lagunes.

Des Bouquières.	0,170	0,014
Des Troupères.	0,144	0,011
De Saint-Magne.	0,175	0,016

Marais.

Blanquefort.	0,242	0,038
Parempuyre.	0,216	0,041
Montferrand.	0,224	0,044

Eau du sous-sol des landes.

	S. M.	S O.
Audange.	0,164	0,046
Biganos.	0,162	0,052
Mios.	0,159	0,047
Belin.	0,322	0,016
Salles.	0,218	0,022
Le Parpt.	0,380	0,186
Le Buch.	0,574	0,217
Belliet.	0,336	0,105
Captieux.	0,146	0,044
Giscos.	0,143	0,052
La Teste.	0,434	0,026
Arcachon.	0,427	0,020
Gujan.	0,460	0,032
Saint-Simphorien.	0,190	0,042
Balizac.	0,195	0,047
Villandrault.	0,469	0,016
Uzeste.	0,269	0,024
Saint-Vivien.	0,821	0,022
Calais.	0,753	0,034
Soulac.	0,669	0,038

Département de l'Hérault.

Vendres, commune située près de la mer et d'un vaste étang, eau de la source.	0,189	0,024
— eau de la fontaine.	0,320	0,017
Montpellier, source de Saint-Clément, à l'origine.	0,213	—

(Analyse de M. Dupasquier qui n'a tenu compte que du carbonate de chaux, il ne dit rien des autres substances.)

Département d'Indre-et-Loire.

Tours, Puits artésien de la place Saint-Gratien.	0,3200	—

Département de l'Isère.

	S. M.	S. O.
Grenoble, Isère, rivière.	0,1876	—
— eau du château de la Valette.	0,1100	—
— — source de la Tronche.	0,2160	—
— — — de pierre plate.	0,3190	—
— Puits artésien du bois Roland. . . .	0,2350	—
— source du haras.	0,1400	—
Saint-Marcellin, fontaine Vallier.	0,1800	—
— — Férolliet.	0,0800	—
— source Sarazin.	0,0850	—
— — du Hay.	0,0700	—

Département du Loiret.

Orléans, la Loire (Guindant).	0,0680	—
— — forte crue, sous le pont, à Meung (H. Deville).	0,1346	—
— — (Rabourdin).	0,0805	—
— puits au nord-est de la ville.	0,3150	—
— Loiret (Guindant).	0,2840	—
— — (Rabourdin).	0,1052	—

Département de la Loire-Inférieure.

Pont du Cens, le Cens.	0,1300	0,0110
Nantes, la Chésine.	0,1130	0,0210
Pont Château, le Brivé.	0,1923	0,0523
La Maurinière, la Sèvre.	0,0633	0,0083
Clisson, la Moine.	0,1590	0,0410
Château Thébaud, la Maine.	0,1160	0,0400
Lac de Grandlieu, eau du.	0,0776	0,0126

Département de la Marne.

Reims, eau de la Vesle, Château d'Eau.	0,19043	—
— — à Saint-Brice.	0,21828	—

	S. M.	S. O.
Reims, puits de Tournebonneau.	0,19101	0,02416
— — de l'Hôtel-Dieu.	0,42035	0,14180
— — du manége.	0,85539	0,10537
— — de la maison des Carmes. . .	1,45420	0,10906
— — de Bethléem..	0,24434	0,02168
— puits foré de l'Abattoir..	0,31660	0,01797
— — de l'usine Boulogne Houpin. .	0,19226	0,00401
— — Camus Romagny.	0,36508	0,02323
— source d'Hermonville.	0,42420	0,02200
— marais de Saint-Brice.	0,18630	0,03660

Département de la Meurthe.

Nancy, eau de Boudonville.	0,2200	—
— — de Laxon.	0,2300	—
— — de Montet.	0,2330	—
— — de Malgrange.	0,1680	—

Département de la Moselle.

Metz, eau de la Moselle.	0,1160	0,004
— eau du ruisseau de Châtel Saint-Germain.	0,2000	—
— source de Sey.	0,1680	0,003
— — de Lessy..	0,1640	0,002
— — de la préfecture..	0,2050	0,006
— — du Sablon.	0,2520	0,003
— — de la place Saint-Nicolas. . .	0,1800	0,003
— — de Capoulette.	0,1740	—
— — de Tonnerre.	0,1720	—
— — du Grenadier..	0,2140	—
— — de la Bonne-Brute.	0,1600	—
— — de la Marmouille.	0,1900	—
— — du pré Lecour.	0,1700	—

Département du Nord.

	S. M.	S. O.
Avesne, fontaine Seron.	0,5330	—
Cambrai, eau de l'Escaut.	0,2940	—
— Puits.	0,3770	—
— — artésien (caserne de cavalerie).	0,6050	—
Hazebrouck, eau du canal.	0,6850	—
— — des Emprunts.	0,7850	—
Valenciennes, fontaine de la Porte Faucars. . .	0,4182	—
— — du marché aux herbes. .	0,6020	—
— source de Marly-les-Valenciennes. .	0,3487	0,0181

Département du Pas-de-Calais.

Calais, puits artésien.	2,5100	—
— —	0,5800	—

Département des Pyrénées-Orientales.

Perpignan, source de Saint-Martin.	0,249	—
— puits de l'hôpital.	0,960	—
— source Fauvelle.	0,160	—
— — de la Guérite.	0,130	—

Département du Bas-Rhin.

Bâle, eau du Rhin.	0,1711	—
Strasbourg, eau du Rhin.	0,2318	—

Département du Haut-Rhin.

Mulhouse, eau de la Doller.	0,1840	—
— — de l'Ill.	0,5120	—
— puits devant le collége.	0,6760	—
— — dans la cour du collége. . . .	0,1100	—
Soultz-sous-Forêt, puits de Bechelbronn. . . .	0,7990	—

Département du Rhône.

	S. M.	S. O.
Lyon, eau du Rhône en février	0,1898	—
— — en mars	0,1575	—
— — en juillet	0,1079	—
— sources de Royes	0,2040	—
— — du Rouzier	0,2635	—
— — Fontaine	0,2658	0,0013
— — Neuville	0,2304	traces.
— puits, rue du Condé (moyenne de deux ans)	0,3923	—
— puits, ferme de la Tête d'Or	0,3004	—
— — fossés des Forts	0,1229	—
— — à Saint-Clair	0,2202	—
— source de Villeurbanne	0,2937	—

Département de la Seine.

	S. M.	S. O.
Paris, Seine, avant sa jonction avec la Marne	0,1785	traces.
— — avant son entrée dans Paris, rive droite	0,1826	—
— — avant l'embouchure de la Bièvre, rive gauche	0,1791	tr. plus sensibl.
— — au point de réunion des deux bras de la Cité	0,1705	quantité sensible
— — au sortir de Paris, rive gauche	0,1810	qu. bien sensible
Nota. — Les analyses ci-dessus sont de 1827 ; elles ont été faites par MM. Vauquelin et Bouchardat		
— — au port à l'Anglais (Lassaigne)	0,1280	—
— — à Bercy (H. de Ville)	0,2544	—
— — au pont d'Ivry (Boutron et Henry)	0,2400	traces.
— — au pont Notre-Dame (Boutron et Henry)	0,3310	—
— — à la pompe du Gros-Caillou (Boutron et Henry)	0,4260	tr. très-sensibl.
— — à la pompe de Chaillot (Boutron et Henry)	0,4320	—

		S. M.	S. O.
Paris,	Marne, au-dessus de Charenton (Vauquelin et Bouchardat)	0,1410	traces.
—	— après une crue assez forte	0,1801	—
—	— (Boutron et Henry)	0,5110	indices.
—	Puits de l'école d'Alfort (Lassaigne)	0,8500	—
—	Puits artésien à Alfort (Lassaigne)	1,2980	—
—	— à Maisons-Alfort	1,7100	—
—	puits ordinaire, à Conflans	0,8000	—
—	— à Charenton	0,4200	—
—	— à Vincennes (donjon)	0,4760	—
—	puits artésien, — —	0,7600	—
—	eau d'*Arcueil*, à l'Observatoire (Boutron et Henry)	0,5270	—
—	eau de la fontaine place Saint-Michel (H. Deville)	0,5436	—
—	eau de Bellevil e (Boutron et Henry)	2,5200	—
—	eau des prés Saint-Gervais (Boutron et Henry)	1,1940	0,0200
—	*Grenelle*, puits foré (Payen)	0,1430	0,1024
—	— — (Boutr. et Henry)	0,1494	traces.
—	Saint-Ouen, puits artésien de 65 m. (Boutron et Henry)	0,2674	0,0040
—	Saint-Ouen, puits artésien de 49 m. (Os. Henry)	0,7340	0,0020
—	*Bièvre*, rivière (Boutron et Henry)	0,8040	traces.
—	*Ourcq* (Boutron et Henry)	0,2810	—

SÉRIE DES EAUX DU CANAL DE L'OURCQ.

		S. M.	S. O.
—	Collinance (Boutron et Henry)	0,6330	—
—	Clignon (Thénard)	0,2140	0,0330
—	Gergogne (Boutron et Henry)	0,3220	tr. très-marq.
—	Thérouenne (Boutron-Henry)	0,5720	—
—	Roche de Grégy —	0,5950	tr. marq
—	Ru de Villenoy —	0,9560	indices.
—	Beuvronne —	0,6610	—
—	Mory —	0,6570	quantité notable.

		S. M.	S. O.
Paris, Arneuse. . . . . —		0,3720	quantité indéter.
— Canal d'Ourcq. . . . . —		0,5900	indices sensibl.
— — au-dessus de la 1re écluse. . .	Vauquelin et Bouchardat	0,4790	quantité sensible
— — Bassin de la Villette.		0,4670	quantité bi. sens.
— — bassin St-Victor. .		0,4040	maxim.
— — de ceinture (Bache St Laurent. . .		0,4565	très-marqu.
— Puits, rue Notre-Dame-de-Nazareth (Lassaigne).		2,6000	0,0716
— Puits, rue Mézière.		2,5075	0,0716

EAUX DE QUELQUES FORTS ET POSTES-CASERNES DES FORTIFICATIONS.

	S. M.	S. O.
— Fort du Mont-Valérien (Poggiale). .	1,9800	traces.
— Source voisine du fort. . . . — . .	0,5800	—
— Fort de Noisy. . . . . — . . .	0,3090	—
— Vincennes, puits artésien (Millon) . .	0,5000	—
— Fort de Rosny, citerne de 329 mètres cubes, recevant par an 534 mètres cubes d'eau de pluie (Poggiale). .	0,4340	—
— La Chapelle, poste-caserne (Poggiale).	1,9080	—
— Ternes et Neuilly. . . . . — .	2,4300	—
— Caserne Marbeuf. . . . . — .	1,1700	—
— Manutention. . . . . — .	1,2490	—
— Ecole Militaire, puits (Payen-Poinsot).	2,1475	—
— Passy, Caserne de la gendarmerie. —	1,8600	—

Département de la Seine-Inférieure.

	S. M.	S. O.
Neufchâtel, puits artésien.	0,400	—
Elbeuf, —.	0,710	—
Le Havre, eau de Tricauville.	0,3929	—
— eau de Saint-Adresse.	0,4099	—
— eau du Pont-Rouge.	0,6143	—

	S. M.	S. O.
Rouen, Seine, avant son entrée à Rouen. . . .	0,1640	traces.
— — à la sortie de la ville.	0,1760	quantité marq.
— — rive droite, près le pont de pierre.	0,1720	—
— — rive gauche, près la caserne St-Sever.	0,1700	0,0060
— Robec, rivière.	0,1780	traces.
— Aubette, rivière.	0,2600	tr. peu.
— Bapaume, rivière, prise au Houlme.	0,1490	—
— — — prise à Deville. .	0,6020	traces.
— Clairette.	0,2110	—
— Lillebonne.	0,2480	—
— Rancon.	0,2140	—
— Valmont.	0,24922	indéter.
— Ganzeville.	0,24989	—
— Fontaine d'Yonville.	0,2320	traces.
— — du Roule.	0,2140	—
— — de Gaalor.	0,3450	—
— — de Notre-Dame.	0,7810	—
— — de Saint-Nicaise.	1,7530	—
Maromme, source de.	0,2580	traces.
Lescure, —	0,4820	id.
Tourville, —	0,9660	—
Pont-de-l'Arche, —	1,3830	—
Sotteville, —	1,6100	—

Département de Seine-et-Oise.

	S. M.	S. O.
Rambouillet, eau du parc.	0,3948	—
— puits de la station.	1,7765	—
Poissy, eau de source.	0,4000	traces.
— eau de l'Abbaye.	0,5725	—
— eau de puits.	1,9000	—
Meulan, eau du ruisseau d'Orgeval.	0,3850	—
Mantes, ruisseau de Vaucouleurs.	0,3925	—
— eau de puits.	0,9350	—

Département de Saône-et-Loire.

	S. M.	S O.
Mâcon, eau de la Saône.	0,1870	—
— pompe de la place aux Herbes. . . .	2,3670	—
— — de la rue Municipale	1,8140	—
— — de la place du vieux Saint-Vincent.	1,7400	—
— puits de la rue de la Barre.	1,5400	—
— — de la rue Franche.	1,3470	—
— pompe Gardon.	1,0130	—
— — de la Barre.	0,9400	
Cluny, fontaine de la place Notre-Dame.	0,5190	—
— puits de la rue Saint-Marcel. . . .	0,5950	—
Senecey, eau de la Grosne, rivière.	0,5900	—
— pompe particulière.	0,2250	—
Tournus, eaux publiques.	0,7600	—

Département de la Haute-Saône.

Vesoul, puits de la maison de correction. . . .	0,3620	—
— fontaine.	0,2110	—

Département de l'Yonne.

Avallon, source des Pannats.	0,0660	—
— Cousin, rivière.	0,0770	traces.
Auxerre, fontaine.	0,3220	id.

ÉTRANGER

Bellune, fontaines de la ville.	0,3376	traces.
— — de Saint-Mamante.	0,2864	0,0086
Brescia, Monpiano.	0,2351	0,0059
— Mercato nuovo.	0,2380	traces.
— Pozzo Dozzi.	0,2023	0,0059
— Caffè della Rossa.	0,1994	0,0059

	S. M.	S. O.
Brescia, Pozzo Borghetti.	0,1839	traces.
— Patrocinio.	0,0892	—
— Castello.	0,2053	0,0178
Nota. — L'analyse des eaux de Brescia a été exécutée par les professeurs Perego et Grandoni.		
Genève, eau du Rhône prise à la machine hydraulique (H. Deville).	0,1820	—
— eau du lac Léman.	0,1520	—
— eau de l'Arve (28 février).	0,1280	—
— id. (5 août).	0,2430	—
Trévise, Fiumicelli.	0,2624	0,0020
— S. Agata.	0,2477	0,0020
— Dietro Polo.	0,2588	0,0016
— S. Leonardo.	0,2234	0,0040
— Casa Fapanni.	0,2094	0,0012
— S. Teonisto.	0,2536	0,0006
Nota. — Les analyses de Trévise et de Bellune ont été exécutées par M. Barthélemy Zanon.		
Venise, Seriola, canal, conduisant les eaux de la Brenta à Fusine, où les barques vont s'approvisionner pour remplir les citernes.	0,1580	0,0006
— Citerne du palais ducal, recevant l'eau de pluie et l'eau de la Seriola. . .	0,1740	0,0118
— puits artésien de San Polo.	0,4320	0,0490
— — San Leonardo. . .	0,4330	0,0504
— — Santa Margarita. .	0,4360	0,0258
Vicence, moyenne de dix puits situés au centre de la ville et à proximité des places.	1,5966	—
— eau de la Seriola, dérivation du Bacchiglione.	0,6030	—
— fontaine delle *Carecchie*, sur les monts Bériciens.	0,1524	—

	S. M.	S. O.
Vicence, le Fontanone, à *Povolaro*.	0,4836	—
— les fontanoni à *due ville*, l'une des sources du Bacchiglione.	0,1457	—
— eau du puits de la maison Nievo Barbarigo, l'un de ceux qui ont formé la moyenne des dix puits mentionnés ci-dessus.	1,4000	—
Vienne (Autriche), eau du Danube prise à Nusdorfferlinie.	0,1254	—
— eau de puits creusé sur les bords du fleuve..	0,4732	—
— eau de l'aqueduc albertin au Mehlmarkt.	0,2300	—
— eau de l'aqueduc de la prairie de Septfontaines..	0,2322	—
— eau de l'aqueduc du magistrat. . .	0,2792	—
— — — de l'Intendance. .	0,2962	—
— — — de Mariahilf.. . .	0,3009	—
— — — de la garde hongroise.	0,3394	—
— eau de l'aqueduc Karoly.	0,4450	—
— — — de Hernals. . . .	0,2669	—
— eau du puits du palais de Schwarzenberg.	0,5716	—

Le document qui nous a fourni les analyses de *Vicence* est intitulé : *Mémoire sur les eaux potables de Vicence*, par le docteur Nicolas-Joseph Rossi, Padoue, 1830. Les analyses ont été faites dans le laboratoire de Domenico Curti, de Vicence. Nous y trouvons les deux faits suivants, qui démontrent l'action directe exercée sur certains tempéraments par des eaux potables trop chargées de matières fixes.

Le premier est rapporté en ces termes par le docteur Thiene, praticien le plus renommé de son temps à Vicence. « En consultant, dit-il, mon observation clinique de trente ans, il est de fait notoire que presque tous les étrangers se plaignent de notre eau. Je suis appelé très-souvent (*spessissimo*) pour remédier *allo scarso passaggio delle loro orine*. Et, à ce propos, je rapporterai un cas qui, s'il n'est pas décisif, est pourtant digne de toute attention et ne s'effacera jamais de ma mémoire. Un étranger d'une belle santé (sanissimo) et d'un âge moyen, *appunto nel mezzo del cammin di nostra vita*, respectable par ses talents et ses places, peu de temps après s'être établi chez nous, fut pris d'une véritable néphtrite calculeuse, dont il n'avait jamais eu pas même un soupçon. Il fut envoyé à Venise, où il recouvra sa première santé ; lorsque, rappelé à Vicence pour peu de temps, il ressentit les menaces d'une nouvelle néphtrite, qui cessèrent dès qu'il fut retourné à Venise. »

L'autre fait est raconté ainsi par l'auteur du Mémoire. « Madame L. P... ayant déménagé, prit un logement dans la rue *delle gazzole*. Peu de temps après, elle fut prise de douleurs de vessie qui amenèrent peu à peu une disurie. On prescrivit des saignées, des purgatifs, des diurétiques, qui procurèrent quelque soulagement, mais n'enlevèrent point le mal. L'observation cependant fit connaître que les symptômes croissaient, au lieu de diminuer, lorsque la malade faisait usage de l'eau de puits de la *nobil famiglia Nievo Barbarigo*, et la disurie augmentait au point d'être obligé de recourir à la sonde, qu'on employa en effet plusieurs fois. Finalement, la malade ne parvint à se délivrer entièrement de son mal qu'en remplaçant l'eau du puits en question par de l'eau de la rivière, filtrée. Il est à remarquer qu'ayant voulu par la suite reprendre l'usage de l'eau du même puits, les symptômes de la maladie reparurent immédiatement.

L'analyse de l'eau du puits dont il est question fait partie du tableau. Les chiffres quantitatifs, rapportés dans le Mémoire, démontrent, dans cette eau, une abondance de chaux prédominante.

CHAPITRE VII

DE LA MATIÈRE ORGANIQUE

D'où elle provient. — La question la plus élevée des sciences naturelles. — La forme et la matière dans les corps vivants. — Décomposition des corps organisés. — Où est le mystère. — Insalubrité des marais. — Expériences de MM. Rigaud, de Taddei, Parent du Châtelet et du docteur Quaglino. — Études de M. Fauré sur l'alios des landes. — A quel prix l'estomac élimine certains poisons. — développement insidieux des maladies chroniques.

Le tableau qui termine le chapitre précédent contient une colonne, dans laquelle manquent souvent les chiffres, soit que les chimistes qui ont fait les analyses aient négligé la recherche de la matière organique, soit qu'ils ne l'aient pas trouvée. Il n'en est pas de même des médecins et des hygiénistes : partout où les eaux sont imprégnées de matière organique, cette matière se révèle à leurs yeux par ses pernicieux effets.

La matière organique provient de la décomposition des végétaux et des animaux privés de vie ; elle provient aussi des résidus, du *caput mortuum* qui sont le résultat de l'exercice des fonctions vitales de tout être organisé et vivant.

Ceci touche à la question la plus élevée des sciences naturelles ; et l'intérêt immense de cette question nous autorise à la considérer un instant.

Dans la nature vivante, il n'y a d'inaltérable que la forme des êtres, a dit Buffon ; quant au fond ou à la substance qui les constitue il est *variable* et *corruptible,* selon l'expression du naturaliste.

« Dans les corps vivants, dit Cuvier, aucune molécule ne reste en place ; toutes entrent et sortent successivement : la vie est un tourbillon continuel, dont la direction, toute compliquée qu'elle est, demeure constante, ainsi que l'espèce des molécules qui y sont entrainées, mais non les molécules individuelles, elles-mêmes ; au contraire la matière actuelle du corps vivant, n'y sera bientôt plus, et cependant elle est *dépositaire* de la force qui contraindra la matière future à marcher dans le même sens qu'elle. Ainsi la forme de ces corps leur est plus essentielle que leur matière, puisque celle-ci change sans cesse, tandis que l'autre se conserve. »

En méditant sur le même sujet, M. Flourens a formulé en loi les rapports de la *forme* avec la *matière* et il a démontré cette loi directement par des expériences.

« Il y a, dit-il, dans la *vie*, des forces qui en gouvernent la matière et des forces qui en maintiennent la *forme*.

« Lorsque j'étudie le développement d'un os, je vois successivement toutes les parties, toutes les molécules de cet os être déposées, et successivement toutes être résorbées; aucune ne reste; toutes s'écoulent, toutes changent, et le mécanisme secret, ce mécanisme intime de la formation des os, est la *mutation continuelle de leur matière.* »

M. Flourens démontre ce fait par trois ordres d'expériences et il conclut ainsi : « toute la matière, tout l'organe matériel, tout l'*être* paraît et disparaît, se fait et se défait, et une seule chose reste, c'est-à-dire celle qui fait et défait, celle qui produit et détruit, c'est-à-dire la *force* qui vit au milieu de la *matière* et qui la gouverne. »

M. Flourens continue : « de même, dit-il, qu'il y a des forces qui *gouvernent* la matière et qui la font s'*écouler* et se *renouveler* sans cesse, il y en a d'autres, qui, au milieu de ce renouvellement continuel de la *matière*, maintiennent continuellement la *forme.*

« On connaît, ajoute-t-il, les expériences de Bonnet et de Spallanzani sur la reproduction des pattes de la Salamandre.

« J'ai souvent répété ces expériences, et cela, sous ce point de vue surtout qui est admirable, la *reproduction* de la *forme* des parties anciennes par la *forme* des parties nouvelles.

« Je coupe la patte d'une Salamandre; et cette patte

se reproduit. Cependant ce n'est pas une chose simple que la patte d'une Salamandre... »

« Il y a donc des forces qui reproduisent les parties coupées et qui les reproduisent avec leur *forme.* »

M. Flourens, et c'est là un des grands bienfaits de ses études, a réalisé, dans l'homme même, ce fait de reproduction de certaines parties; et de ce fait mis par lui en lumière, il serait injuste de ne pas le dire en passant, est née une chirurgie nouvelle : si bien qu'aujourd'hui on prévient beaucoup d'amputations et de mutilations en conservant le périoste qui reproduisant l'os entier, assure la conservation du membre.

« La matière, dit enfin M. Flourens, n'est, selon l'heureuse expression de Cuvier, que *dépositaire* de ces forces; la matière actuelle, la matière qui est à présent, ne les a reçues qu'en dépôt, elle les a reçues de la matière qui l'a précédée, et ne les a *reçues* que pour les *rendre* à la matière qui la remplacera bientôt.

« Ainsi donc la matière passe, et les forces restent.

« La loi, la grande loi qui fixe les rapports des forces avec la matière, dans les corps vivants, est donc, d'une part, la *permanence* des *forces*, et de l'autre, la *mutation continuelle* de la *matière*. (Voyez *de la Vie et l'Intelligence* par M. FLOURENS). »

Cette *mutation*, ce changement continuel joint à la décomposition qui a lieu, après la mort de chaque être, détermine précisément la production de la matière organique, dont la présence dans les eaux potables est une cause d'insalubrité et de maladie pour les populations qui sont soumises à leur usage.

Il n'est pas étonnant après tout que les débris d'un corps fini, dans lequel la vie n'a pas pu se continuer, soient impropres à l'alimentation des êtres qui vivent encore. Qu'il en soit de même des matériaux usés par *la nutrition* et que les corps vivants rejettent, en vertu de la loi de mutation de la matière, il n'y a encore là rien d'étonnant.

Mais voici où est le mystère : c'est que ces mêmes débris, qui tuent l'homme, sont de véritables engrais et non des poisons, pour la terre affectée à la culture des fruits les plus savoureux, et les plus salubres, et à la production de l'herbe même préférée, par les bestiaux dont la chair fait la base de l'alimentation humaine.

Quoi qu'il en soit, d'après son origine la matière organique est donc de deux sortes. Elle est végétale ou animale. Dans les lieux habités, là où les populations s'agglomèrent, où il y a beaucoup de vie, où *la mutation continuelle* de la *matière* s'exerce sur des êtres nombreux, la matière organique est à la fois l'un et l'autre et presque toujours plutôt animale, et par conséquent fortement azotée.

L'insalubrité des marais n'a pas d'autre cause que l'évaporation qui s'établit à leur surface, et qui entraîne avec elle de la matière organique. Il est même d'observation que la maligne influence ne dépasse pas la hauteur que les vapeurs atteignent elles-mêmes.

Dans les maremmes de la Toscane et particulièrement dans la province de Grossetto où la fièvre des marais est endémique, on se met à l'abri de ses atteîntes, en allant prendre habitation à Scanzano qui est dans une situation plus élevée. Dans ces mêmes maremmes, les familles de paysans s'établissent toujours dans les hauts lieux. Il résulte de là que les hommes, appelés par le pâturage des bestiaux et les autres travaux de la campagne, au fond de la vallée, en rapportent souvent la fièvre, tandis que les femmes et les enfants qui restent à la maison en sont préservés.

On a recueilli la matière organique mêlée aux émanations des marais. M. Rigaud connaissant le fait de Scanzano, et l'ayant observé dans d'autres localités, constata d'abord que la hauteur à laquelle s'élèvent les brouillards marécageux ne dépassent pas deux à trois cents mètres, et qu'au delà de cette limite, on est à l'abri de toute atteinte. Il supposa ensuite que, si la matière organique était entraînée par les vapeurs, on devait la trouver en même temps dans la rosée, et il se mit à recueillir de la rosée au moyen de l'appareil suivant :

« Je montai, dit-il, un cadre en bois blanc très-léger ; sur ce cadre, supporté par quatre pieds, dont l'inégale hauteur lui donne une inclinaison de trente à quarante degrés, je disposai en losange trois ou quatre grands carreaux de verre à vitre, dont les extrémités se recouvrent, comme les ardoises d'un toît, de manière que les vapeurs de la rosée, qui se condensent aux deux surfaces, suivent et coulent des unes aux autres jusqu'au dernier, à l'extrémité duquel je plaçai un grand flacon muni d'un entonnoir. » Deux bouteilles pleines du liquide recueilli par ce moyen, ont été remises à M. Vauquelin et son examen a donné les résultats suivants :

1° Cette eau n'a point de couleur ; elle est claire ; mais quand on l'agite on y remarque des flocons légers qui y sont répandus.

2° Elle a une odeur légèrement sulfureuse, fort anaogue à celle du blanc d'œuf cuit.

3° Parmi les différents réactifs que l'on a mêlés à cette eau, le nitrate d'argent, le nitrate de mercure et le nitrate de plomb, sont les seuls qui aient produit quelques effets, qui ont annoncé la présence d'un muriate et d'un alcali. Celle de ce dernier a été confirmée par le changement en bleu du papier de tournesol rougi par un acide.

4° Le résidu laissé par cette eau avait une couleur jaune, il pesait deux ou trois grains au plus, il avait une saveur salée, noircissait au feu, faisait une légère effervescence, avec les acides, a précipité le nitrate d'argent en jaunâtre ; le précipité se dissolvait en partie dans l'acide nitrique et ce qui restait devenait blanc.

L'eau contient donc :

1° Une partie de matière animale, dont la plus

grosse portion s'est séparée sous forme de flocons, pendant que cette eau a été enfermée dans les bouteilles.

2° De l'amoniaque ou alcali volatil. (Voyez *Annales cliniques* de la Société de médecine pratique de Montpellier. Tome 44, page 286.)

Le professeur Taddei de Florence, ayant à rechercher les causes de l'insalubrité de l'hôpital de *Santa-Maria-Novella*, suspendit, au milieu d'une salle occupée par des malades et mal aérée, un ballon en verre rempli d'un mélange réfrigérant. La vapeur d'eau répandue dans l'air se condensa sur les parois extérieures du ballon et vint se réunir, goutte à goutte, dans un récipient disposé pour cela à la partie inférieure. Il s'amassa ainsi deux scrupules de liquide. A l'analyse, ce fut le nitrate d'argent qui occasionna le précipité le plus considérable; et le résidu, évaporé jusqu'à siccité et brûlé, fournit le charbon caractéristique d'une matière organique très-abondante. L'expérience est décrite *in extenso* dans la *pharmacopée générale sur les bases de la chimie*, du professsseur Taddei.

Parent du Chatelet, a joui de son vivant, d'une grande autorité dans les questions d'hygiène publique et, plus d'une fois, ses écrits ont servi de base aux déterminations de l'autorité concernant la santé publique de la capitale. Il produisait à volonté, sur des chiens, tous les symptômes et les effets du typhus, en leur donnant de la matière organique azotée, en leur faisant manger de la viande dans un état plus ou moins avancé de décomposition.

Les expériences de Parent du Chatelet ont été répétées par le docteur Quaglino de Milan. Nous avons entendu la communication que ce savant en a faite en 1847 à Venise, au congrès des savants.

Il y a des localités où la matière organique est purement végétale. Celle que l'on trouve dans le sous-sol des Landes a été très-bien étudiée, dans sa nature et ses effets, par M. Fauré, de Bordeaux. Voici ce qu'il en dit dans son *Analyse chimique des eaux du département de la Gironde :*

« On sait que les eaux pluviales retenues à peu de profondeur par les couches aliotiques imperméables qui forment le sous-sol de nos Landes, y croupissent, se chargent des principes solubles de l'alios, et forment ensuite cette nappe d'eau souterraine qui alimente tous ces puisards qui fournissent à la population landaise l'eau dont elle a besoin pour ses usages domestiques, sa boisson et celle des animaux.

« Ces eaux presque entièrement privées de sels minéraux, ont une couleur jaune brun plus ou moins foncé, et contiennent une grande quantité de matières organiques provenant soit de leur séjour sur l'alios, soit de la décomposition des végétaux qui meurent sur ce sol perméable; aussi portent-elles le germe des maladies, trop souvent mortelles, que les chaleurs de l'été développent parmi les populations qui s'en abreuvent faute d'autre.

« La composition chimique de ces eaux n'a encore été consignée nulle part; c'est ce qui m'a déterminé à apporter, dans l'examen analytique que j'en ai fait, des soins plus minutieux encore que pour les autres catégories.

« Lorsqu'en 1847, j'annonçai à l'Académie des sciences de Bordeaux que le tuf de nos landes n'est point, comme on l'avait cru jusqu'alors, une aggrégation ferrugineuse, mais un amas sablonneux résultant de l'adhérence des molécules siliceuses, liées entr'elles par un sédiment végétal qui se durcit sous l'influence des rayons solaires, j'expliquai que cette matière extractiforme, s'infiltrant tout d'abord dans l'intérieur des couches sableuses qui constituent la presque totalité du sous-sol des Landes, s'y dessèche, s'y solidifie, et forme ainsi un réseau imperméable, qui retient les eaux pluviales et les empêche de pénétrer plus avant dans le sol. C'est cet agrégé végéto-siliceux, qu'on nomme alios.

« Les eaux pluviales séjournant sur ce terrain aliotique, s'emparent de toutes les parties solubles de l'alios et des débris organiques qu'elles baignent, prennent de la couleur, contractent une odeur particulière et peuvent devenir dangereuses pour la santé des populations; elles ne sont pas toujours de même nature, et varient suivant leur profondeur. La matière végétale que contiennent celles qui séjournent à une profondeur de 3 à 4 mètres a perdu ses qualités délétères, parce que les diverses phases de la fermentation qu'elle a subie l'ont transformée en une matière extractive en partie résinifiée, sorte d'humus qui paraît être sans action sur l'économie animale. Je nommerai ces eaux *aliotiques* parce qu'elles ne paraissent contenir que la partie soluble de l'alios.

« Les autres retenues à 1 ou 2 mètres du sol, ont une couleur plus foncée, quelquefois légèrement verdâtre ; leur saveur et leur odeur ont quelque chose de marécageux : elles se troublent par l'ébullition, et bientôt après il se sépare un petit sédiment floconneux, ayant les caractères de l'albumine végétale ; je les nommerai *eaux aliotiques* albumineuses.

« Cette dernière eau a beaucoup d'analogie avec celle des marais, dont elle est le diminutif ; comme elle, elle perd en bouillant la plus grande partie de son odeur de marécage, sa saveur devient plus franche ; renfermée dans des bouteilles soigneusement bouchées, elle peut se conserver un mois et plus sans altération ; tandis que quand elle n'a pas bouilli, quatre ou cinq jours suffisent pour l'amener à putréfaction.

« Filtrée au travers de la poudre de charbon, ou mise en contact avec des copeaux de bois de chêne, l'eau albumineuse perd, comme par l'ébullition, l'albumine qu'elle contient, et, avec elle, l'odeur et la saveur marécageuse : sa qualité est de beaucoup améliorée, et elle peut alors être bue sans danger. Des expériences commencées depuis plusieurs années et qui se continuent encore, ont démontré que ces eaux si malsaines, dont on est cependant réduit à faire usage dans certaines localités, subissent ainsi une modification des plus salutaires. L'action du charbon ou du tannin de chêne est bien plus marquée sur les eaux franchement albumineuses que sur les eaux aliotiques; en effet, la poudre de charbon absorbe la matière albumineuse, le tannin la coagule et la rend insoluble.

« Sans vouloir faire jouer à l'albumine végétale un rôle plus important que celui qu'on lui a attribué jusqu'ici, je suis cependant tout disposé à admettre que c'est surtout à sa présence qu'il faut attribuer l'altération rapide des eaux marécageuses, la fermentation qui s'y produit, et la formation des principes délétères qu'elles exhalent ou qu'elles retiennent en solution.

« De tous les principes immédiats des végétaux, l'albumine est un de ceux qui se putréfient le plus promptement; et, en raison de sa nature animalisée, elle donne naissance à des produits azotés, qui contribuent au développement des fièvres paludéennes, si meurtrières dans quelques-unes de nos localités. »

La présence de la matière organique dans des eaux destinées à la boisson est donc un élément d'insalubrité des plus redoutables. Nous avons donné au chapitre V les moyens de la reconnaître, nous avons dit aussi que, pour n'être pas insalubres, les eaux potables ne devaient pas en contenir plus de un centigramme. Une pareille quantité est bien faible et pourrait sembler insignifiante, il suffit des plus simples notions de la physiologie pour se convaincre qu'il n'en est rien.

Il est bien vrai que l'estomac élimine certains poisons pris à des doses infinitésimales; mais cette élimination ne se fait pas, de sa part, sans des efforts supérieurs de quelque degré à ceux qu'il lui faut développer pour la digestion pure et simple des substances alimentaires de bon aloi. Ces efforts s'exercent une fois, dix fois, sans qu'il en résulte d'inconvénients apparents pour la santé. Mais il ne faut pas oublier comment se développent les maladies chroniques, dont la marche lente et insidieuse fait périr le corps petit à petit. Vient un moment où l'organe se fatigue de cette répétition incessante d'efforts, qui sont en dehors de ceux que la nature lui a imposés, et alors ses fibres perdent leur énergie, s'alanguissent : comme l'a dit Hallé à ce même propos, « les forces digestives s'affaiblissent, et l'on voit, par suite, les tissus rouges se « décolorer et les fièvres intermittentes se produire « avec engorgement des viscères abdominaux et as- « thénie générale.

DEUXIÈME PARTIE

APPLICATION

DEUXIÈME PARTIE

L'application des principes que nous avons établis est relative à la recherche de l'eau, à sa conduite et à son aménagement.

Elle comprend aussi la distribution ; et la distribution est surtout liée à la question économique, devant laquelle disparaissent quelquefois toutes les autres.

Nous apprécierons d'abord la valeur intrinsèque des moyens divers qu'on a employés pour découvrir les eaux souterraines, les amener au jour et les conserver.

Nous exposerons ensuite les principes qui guident les ingénieurs hydrauliciens dans l'établissement des prises d'eau, des aqueducs, des tours hydrauliques, des réservoirs, etc.

Nous terminerons par la partie économique. Quoiqu'elle ne soit pas la même dans tous les pays, cette question est cependant régie par des principes qu'il faut connaître et respecter, parce que leur influence est partout inévitable.

Dans ce qui nous reste à exposer, il ne faut rien chercher de ce qui regarde spécialement l'ingénieur.

Le matériel et la construction des ouvrages, la disposition des mécanismes, la forme des réservoirs, la distribution, l'agencement des conduites qui la composent, etc... tout cela est en dehors de notre objet en tant que l'hygiène n'y est point intéressée. Il faut donc recourir pour ces questions aux ouvrages tout à fait spéciaux qui, à la vérité, ne sont pas nombreux. Peu d'ingénieurs ont écrit sur cette matière : car peu l'ont pratiquée (DUPUIT, avant propos, p. VI). A vrai dire, il en est de la question technique des eaux, à peu de chose près, comme de la question hygiénique. Le seul traité complet sur la première est celui de M. Dupuit, entrepris d'abord comme une édition nouvelle de l'*Essai* de GENIEYS ; comme le présent travail n'est au fond qu'une seconde édition refondue et considérablement augmentée de notre *Essai sur les eaux publiques* mis au jour en 1841.

CHAPITRE VIII

DE LA BAGUETTE DIVINATOIRE

Auteurs qui ont écrit sur ce sujet. — Les croyants et les habiles. — Le père Kircher. — Malebranche. — L'Académie des sciences. — Le pendule explorateur. — Lettre de M. Chevreul à M. Ampère.

Le nombre des écrits publiés concernant la baguette divinatoire est considérable. M. Chevreul en a rassemblé la plus grande partie et a consigné leur analyse dans le *Journal des Savants* (tomes 38 et 39, années 1853 et 1854).

Les auteurs peuvent être rangés en deux catégories. Les uns ont écrit pour réfuter une croyance qu'ils ont trouvée absurde et basée sur des faits controuvés; les autres, pour expliquer le merveilleux de ces faits qu'ils ont admis.

Quant aux personnes qui se livrent à la pratique de cette variété de l'art divinatoire, on peut aussi les ranger en deux classes.

Il y a les croyants, de vrais croyants, cultivant avec naïveté l'art ou le secret de la baguette et ayant une confiance parfaite dans ses résultats. Au nombre de ces croyants on a compté même des savants, qui, louables et dignes de faire autorité dans les matières qui font l'objet spécial de leurs études, se montrent ici légers ou incapables soit d'instituer, soit d'interpréter des expériences qui permettent de distinguer l'erreur de la vérité.

Il y a enfin les habiles qui exercent un métier lucratif, et dans les mains desquels la baguette tourne à volonté sous l'influence de ce qu'on appelle vulgairement le *coup de pouce*.

Le père Kircher, « dont la vaste science est connue de tous, » (Chevreul), l'un des premiers a jugé sainement la baguette. « Si le mouvement de la baguette, dit-il, ne provient pas d'un jeu ou d'une fourberie de la part de celui qui la tient, il n'est pas *naturel*. » Le père Kircher trouvait *ridicule* qu'on voulût soutenir le contraire.

On se servait de la baguette pour découvrir les sources, pour chercher des mines, pour dévoiler le présent, le passé et même l'avenir ; pour démêler les innocents d'avec les coupables, etc., etc.

Dans le Dauphiné, où la pratique en était le plus répandue, il y avait des hommes, des garçons et des filles qui, pour cinq sous, constataient, au moyen de la baguette, si des bornes d'héritage avaient été déplacées. L'un d'eux, J. Aymar, alla même jusqu'à retrouver les voleurs et les meurtriers.

Le père Lebrun, prêtre de l'Oratoire, frappé des désordres qui pouvaient être la conséquence de ces pratiques, soumit à un examen critique tous les faits qu'il put recueillir. Il fut frappé de quelques-uns qui lui étaient rapportés par des personnes dignes de foi. Il en écrivit au père Malebranche qui lui répondit : « je n'aurais jamais pu croire qu'il se trouvât des hommes susceptibles de donner *dans ces extravagances;* le mouvement de la baguette est *une chimère.* »

Le livre du père Lebrun est rempli de faits curieux, l'Académie des sciences en porta le jugement suivant :

« Le R. père Lebrun, prêtre de l'Oratoire, ayant présenté à l'Académie, un livre intitulé : *Histoire critique des pratiques superstitieuses qui ont séduit les peuples et embarrassé les savants*, sur lesquels il souhaitait d'avoir le sentiment de la compagnie, elle a nommé pour l'examiner le R. père Malebranche, MM. du Hamel, Gallois, Dodart, de la Hire et moi ; et, après l'avoir lu chacun en particulier, nous sommes convenus tous ensemble que le livre est plein de recherches curieuses, et bien raisonnées ; que les principes qui y sont établis pour démêler ce qui est naturel, d'avec ce qui ne l'est pas, sont solides ; et que *les pratiques qu'on y combat sont de pures impostures des hommes, ou doivent avoir des causes qui ne peuvent être rapportées à la physique, supposé la vérité des faits dont on n'a pas entrepris la discussion.*

« En foi de quoi j'ai signé le présent certificat, à

Paris, ce 17 décembre 1701, FONTENELLE, secrétaire de l'Académie royale des sciences. »

Les *sourciers* ou *tourneurs* de baguettes les plus renommés sont sortis du Dauphiné.

M. Chevreul pense que le mouvement de la baguette, entre les mains de ceux qui agissent de bonne foi, n'appartient pas au monde physique mais au *monde moral*. Entre les mains de ceux qui sont *habiles*, l'explication est trouvée depuis longtemps, la baguette ne tourne qu'à l'aide du *coup de pouce*.

M. Chevreul compare les effets de la baguette à ceux du pendule explorateur qui a été, de sa part, l'objet de recherches expérimentales. On prend un cube de métal quelconque, un anneau d'or, on l'attache à un fil mouillé, d'une demi aune de longueur, on prend le fil par l'extrémité libre, on le serre entre deux doigts et on tient le tout perpendiculairement au-dessus ou assez près d'un vase rempli d'eau, ou au-dessus d'un métal quelconque, une pièce de monnaie, une plaque de zinc ou de cuivre. On a bien soin d'empêcher tout mouvement mécanique. Alors on voit le pendule prendre insensiblement des oscillations elliptiques qui se forment en cercle et deviennent de plus en plus régulières.

Sur le pôle nord de l'aimant, sur le zinc et sur l'eau, le mouvement se fait de gauche à droite.

Sur le pôle sud, sur le cuivre ou l'argent il se fait de droite à gauche.

Il faut lire, dans le *Journal des Savants,* le détail des expériences infiniment variées qui furent faites sur ce pendule par Ritter et par Gerboin, professeurs à l'École de médecine de Strasbourg, etc.

M. Chevreul répéta ces expériences en 1812, mais il ne les publia qu'en 1833, sous la forme d'une lettre adressée à M. Ampère ; et voici l'interprétation que le savant académicien en a donné. Ici nous citerons textuellement et *in extenso* le *Journal des Savants.*

« Le pendule dont je me servis, dit M. Chevreul, était un anneau de fer suspendu à un fil de chanvre ; il avait été disposé par une personne qui désirait vivement que je vérifiasse moi-même le phénomène qui se manifestait lorsqu'elle le mettait au-dessus de l'eau, d'un bloc de métal ou d'un être vivant, phénomène dont elle me rendit témoin. Ce ne fut pas, je l'avoue, sans surprise, que je le vis se reproduire, lorsque, ayant saisi moi-même de la main droite le fil du pendule, j'eus placé ce dernier au-dessus du mercure de ma cuve pneumato-chimique, d'une enclume, de plusieurs animaux, etc. Je conclus de mes expériences que, s'il n'y avait, comme on me l'assurait, qu'un certain nombre de corps aptes à déterminer les oscillations du pendule, il pourrait arriver qu'en interposant d'autres corps entre les premiers et le pendule en mouvement, celui-ci s'arrêterait. Malgré ma présomption, mon étonnement fut grand lorsque, après avoir pris de la main gauche une plaque de verre, un gâteau de résine, etc., et avoir placé un de ces corps entre le mercure et le pendule qui oscillait au-dessus, je vis les oscillations diminuer d'amplitude et s'anéantir complétement ; elles recommencèrent lorsque le corps intermédiaire eut été retiré, et s'anéantirent de nouveau par l'interposition du même corps. Cette succession de phénomènes se répéta un grand nombre de fois avec une constance vraiment remarquable, soit que le corps intermédiaire fût tenu par moi, soit qu'il le fût par une autre personne. Plus ces effets me paraissaient extraordinaires, et plus je sentais le besoin de vérifier s'ils étaient réellement étrangers à tout mouvement musculaire du bras, ainsi qu'on me l'avait affirmé de la manière la plus positive. Cela me conduisit à appuyer le bras droit, qui tenait le pendule, sur un support de bois que je faisais avancer à volonté de l'épaule à la main et revenir de la main vers l'épaule. Je remarquai bientôt que, dans la première circonstance, le mouvement du pendule décroissait d'autant plus que l'appui s'approchait davantage de la main, et qu'il cessait lorsque les doigts qui tenaient le fil étaient eux-mêmes appuyés, tandis que, dans la seconde circonstance, l'effet contraire avait lieu ; cependant, pour des circonstances égales du support au fil, le mouvement était plus lent qu'auparavant. Je pensai, d'après cela, qu'il était très-probable qu'un mouvement musculaire, qui avait lieu à mon insu, déterminait le phénomène, et je devais d'autant plus prendre cette opinion en considération, que j'avais un souvenir vague, à la vérité, d'avoir été dans un état tout particulier lorsque mes yeux suivaient les oscillations que décrivait le pendule que je tenais à la main.

« Je refis mes expériences, le bras parfaitement libre, et je me convainquis que le souvenir dont je viens de parler n'était pas une illusion de mon esprit, car je sentis très-bien qu'en même temps que mes yeux suivaient le pendule qui oscillait, il y avait en moi une *disposition ou tendance au mouvement* qui, tout involontaire qu'elle me semblait, était d'autant plus satisfaisante que le pendule décrivait de plus grands arcs ; dès lors, je pensai que, si je répétais les expériences les yeux bandés, les résultats pourraient en être tout différents de ceux que j'observais ; c'est précisément ce qui arriva. Pendant que le pendule oscillait au-dessus du mercure, on m'appliqua un bandeau sur les yeux, le mouvement diminua bientôt ; mais, quoique les oscillations fussent faibles, elles ne diminuèrent pas sensiblement, par la présence des corps qui avaient paru les arrêter dans mes premières expériences. Enfin à partir du moment où le pendule fut au repos, je le tins encore pendant un quart-d'heure au-dessus du mercure sans qu'il se remît en mouvement, et, dans ce temps là, et toujours à mon insu, on avait interposé et retiré plusieurs fois, soit le plateau de verre soit le plateau de résine.

« Voici comment j'interprète ces phénomènes.

« Lorsque je tenais le pendule à la main, un mouvement musculaire de mon bras, quoique insensible pour moi, fit sortir le pendule de l'état de repos, et les oscillations, une fois commencées, furent bientôt augmentées par l'influence que la vue exerça pour me mettre dans cet état particulier de *disparition* ou *tendance au mouvement*. Maintenant, il faut bien reconnaître que le mouvement musculaire, lors même qu'il est accru par cette *même disposition*, est cependant assez faible pour s'arrêter, je ne dis pas sous l'empire de la volonté, mais lorsqu'on a simplement la *pensée d'essayer si telle chose l'arrêtera* ; il y a donc une liaison intime établie entre l'exécution de certains mouvements et l'acte de la pensée qui y est relative ; quoique cette pensée ne soit point encore la volonté qui commande aux organes musculaires. C'est en cela que les phénomènes que j'ai décrits, me semblent de quelque intérêt pour la psychologie, et même pour l'histoire des sciences ; ils prouvent combien il est facile de prendre des illusions pour des réalités, toutes les fois que nous nous occupons d'un phénomène où nos organes ont quelque part, et cela dans des circonstances qui n'ont point été analysées suffisamment. En effet, que je me fusse borné à faire osciller le pendule au-dessus de certains corps, et aux expériences où ses oscillations furent arrêtees, quand on interposa du verre, de la résine, etc., entre le pendule et les corps qui semblaient en déterminer le mouvement, certainement je n'aurais point eu de raison, pour ne point croire à la baguette divinatoire et à autre chose du même genre. Maintenant, on concevra sans peine comment des hommes de très-bonne foi, et éclairés d'ailleurs, sont quelquefois portés à recourir à des idées tout à fait chimériques pour expliquer des phénomènes, qui ne sortent pas réellement du monde physique que nous connaissons (1).

« Une fois convaincu que rien de vraiment extraordinaire, n'existait dans les effets qui m'avaient causé tant de surprise, je me suis trouvé dans une disposition si différente de celle où j'étais la première fois que je les observai, que longtemps après, et à diverses époques, j'ai essayé, mais toujours en vain, de les reproduire.

« En invoquant votre témoignage sur un fait qui s'est passé sous vos yeux, il y a plus de 12 ans, je prouverai à mes lecteurs que je ne suis pas la seule personne sur qui la vue ait eu de l'influence pour déterminer les oscillations d'un pendule tenu à la main. Un jour,

(1) Je conçois très-bien qu'un homme de bonne foi, dont l'attention tout entière est fixée sur le mouvement qu'une baguette qu'il tient dans les mains peut prendre par une cause qui lui est inconnue, pourra recevoir de la moindre circonstance, la *tendance au mouvement* nécessaire pour amener la manifestation du phénomène qui l'occupe. Par exemple, si cet homme cherche une source, s'il n'a pas les yeux bandés, la vue d'un gazon vert, abondant sur lequel il marche, pourra déterminer en lui, à son insu, le mouvement musculaire capable de déranger la baguette, par la liaison établie entre l'idée de la végétation active et celle de l'eau.

où j'étais chez vous avec le général P... (1) et plusieurs autres personnes, vous vous rappelez sans doute que mes expériences, devinrent un des sujets de la conversation : que le général manifesta le désir d'en connaître les détails, et, qu'après les lui avoir exposés, il ne dissimula pas combien l'influence de la vue, sur le mouvement du pendule, était contraire à toutes ses idées. Vous vous rappelez que, sur ma proposition d'en faire lui-même l'expérience, il fut frappé d'étonnement, lorsque, après avoir mis la main gauche sur les yeux, pendant quelques minutes, et l'en avoir retirée ensuite, il vit le pendule, qu'il tenait de la main droite, absolument immobile, quoiqu'il oscillât avec rapidité au moment où ses yeux avaient cessé de le voir (2). »

M. Chevreul est un explorateur des plus sagaces. Il déduit d'abord le principe, qui doit lui servir de fil

(1) Le général Planta, grand partisan du magnétisme.

(2) Le merveilleux des tables *tournantes* et *parlantes* n'a pas résisté davantage aux investigations de M. Chevreul. Les tables ne tournent jamais quand la pression est perpendiculaire. Il faut une pression latérale. Aucun tourneur de tables n'a voulu accepter les conditions fort simples que M. Chevreul proposait pour dévoiler cette pression latérale. Les tables ne parlent pas plus qu'elles ne tournent; quand elles lèvent le pied, elles obéissent *au coup de pouce*, ni plus ni moins que la baguette de Bleton ou de Pennet, fameux sourciers du Dauphiné. M. Chevreul fait à ce propos la déclaration suivante : « Ayant entendu parler, dit-il, de l'impossibilité qu'une table à plusieurs pieds lève indifféremment un d'entre eux, lorsque les mains d'une personne restent appliquées à une même place ou à peu près, je déclare qu'une jeune dame fort adroite à faire tourner les tables, douée d'un assez bon sens pour croire qu'elle les fait tourner sans avoir recours à un autre esprit que le sien, m'a rendu témoin de ce fait, qu'on m'avait dit être impossible. »

conducteur pour la découverte de la vérité qu'il cherche, et, une fois que la certitude de ce principe lui est bien démontrée, il ne le perd plus de vue.

Si c'est l'eau souterraine qui fait tourner la baguette dans les mains du *sourcier*, la baguette doit tourner toutes les fois qu'il y aura de l'eau, sous ses pieds dans le terrain. Or, dans les mains des habiles, la baguette tourne et le plus souvent au hasard. Dans les mains des croyants, elle tourne aussi au hasard ; mais elle ne tourne que quand ils ont les yeux ouverts : si on fait l'expérience les yeux fermés, la baguette ne tourne plus, absolument comme le *pendule* dans les mains de M. Chevreul et dans celles du général Planta, en présence d'Ampère, de Ballanche et du traducteur d'Homère, Dugas Montbel.

Il nous semble inutile d'insister davantage sur l'efficacité prétendue de la baguette de coudrier ou divinatoire. M. Chevreul en effet a dit le dernier mot. Ce qu'il ajoute, en terminant sur ce sujet, est digne de remarque et sera médité avec fruit par tous les esprits qui mettant du sérieux dans leurs études, recherchent avant toutes choses la vérité de l'observation et l'interprétation logique des faits observés.

« Lorsqu'on a cherché soi-même la vérité pendant une certaine période de temps, on arrive à la conviction des difficultés de la connaître en quoi que ce soit ; et dès lors, les nombreuses erreurs dont l'histoire des sciences est semée n'ont plus lieu de surprendre. Si toutes devaient être attribuées à la légèreté, à un défaut d'habileté, et, dit-on même, à un manque de probité scientifique, nous ne dirions rien, mais il importe d'en signaler quelques-unes. Elles sont commises par des hommes d'une entière bonne foi, et qui, à l'esprit de recherche, allient encore l'habileté de l'expérimentateur; de sorte que leurs organes obéissent à une pensée sérieuse et scientifique. C'est à eux que nous nous adressons, afin d'appeler leur attention sur le principe du pendule explorateur, et que, le connaissant, ils évitent des erreurs qui, à leur insu, rentrent en définitive dans celles qu'on rapporte à ce qu'on appelle le *coup de pouce*, dans le langage vulgaire des expérimentateurs.

« Le principe du *pendule explorateur* montre donc à l'expérimentateur la nécessité d'étudier l'influence de sa pensée sur ses propres organes, lorsqu'ils servent d'intermédiaires entre le monde extérieur et l'entendement dans l'étude des phénomènes du ressort de la philosophie naturelle.

«Il montre au philosophe, combien il importe, dans l'intérêt de la vérité, de connaître toute l'influence que la pensée peut avoir sur les organes du corps, sans que cette pensée soit la *volonté* : et combien, lorsqu'il s'agit, au point de vue de la morale, d'apprécier certaines actions, il est nécessaire de distinguer celles dont je viens de parler des actions émanées d'une volonté prononcée. »

CHAPITRE IX

DE L'ART DE DÉCOUVRIR LES SOURCES

Observations anciennes. — Pline, Bélidor, Vitruve, etc. — Le poëte Ennius, anecdote. — Modifications superficielles du sol. — Les géologues et les ingénieurs. — L'abbé Paramelle : sa méthode et son livre jugés par deux ingénieurs en chef des ponts et chaussées.

On a fait des observations locales, à l'aide desquelles on peut soupçonner la présence des eaux souterraines. Mais ces observations, peu nombreuses, ne sont pas toujours justes; elles sont tout à fait insuffisantes pour constituer un art proprement dit. Nous citerons les moins incertaines.

Quand on suppose qu'il existe une veine liquide sous le sol, on va le matin, avant le lèver du soleil, examiner attentivement le terrain. A cet effet on se couche à plat ventre, le menton contre terre ; et si, dans cette position, on voit une colonne de vapeur s'élever et ondoyer au-dessus du sol, on peut admettre qu'on est sur le trajet d'une eau souterraine. Cette observation n'a de valeur que dans les lieux où il ne se trouve aucune humidité provenant des eaux superficielles.

Le père Kircher a perfectionné ce procédé d'abord décrit par Pline et que Bélidor a recommandé après le père Kircher. Aux lieux où l'on suppose qu'il peut exister de l'eau, on plante un piquet sur lequel on met, en équilibre, une aiguille faite par moitié de deux bois différents, dont l'un doit être poreux et par conséquent hygrométrique : s'il se dégage de la vapeur d'eau, le bois poreux devient plus pesant et fait pencher de son côté l'aiguille vers la terre.

Le procédé suivant est indiqué par Vitruve. On creuse un puits de 3 pieds de diamètre et de 5 ou 6 de profondeur ; on met au fond de ce puits un chaudron renversé, dont on frotte d'huile la paroi interne. On couvre le tout d'abord avec des planches, puis des branchages et enfin de la terre : le lendemain on découvre l'appareil ; et s'il y a de l'eau sous le sol, la paroi interne du chaudron est tapissée de gouttelettes liquides.

Bélidor recommande aussi les signes suivants, d'après Cassiodore. Si l'on aperçoit des nuées de petits insectes voltigeant à la même place *minutissimarum volitare spissum examen muscarum*, la persistance de ces insectes à rester sur le même point indique des exhalaisons de vapeur provenant d'une veine fluide.

On peut tirer la même conclusion de l'existence de joncs, de roseaux, de menthe sauvage, d'argentine, de lierre terrestre, etc., etc., dans des endroits où ces plantes ne peuvent pas être entretenues par des eaux superficielles.

La neige et la gelée blanche ne persistent jamais sur le trajet d'un cours d'eau souterrain situé à une profondeur médiocre.

On comprend que ce peu d'observations ne constitue point un art. Elles sont connues d'ailleurs de toute antiquité. Ceux qui faisaient profession de les appliquer, avec d'autres pratiques presque toujours mystérieuses, portaient chez les Romains le nom *d'aquilegii*. Les *aquilegii* ne cherchaient pas seulement les sources, ils prétendaient aussi découvrir des trésors comme les *tourneurs* de baguette. « — Pour une « drachme je vous découvrirai un trésor, disait l'un « d'eux au poëte Ennius. — Je le veux bien lui répondit « le poëte : je consens même à vous donner deux « drachmes à prendre sur le trésor que vous allez dé- « couvrir. »

Les eaux pluviales font subir à la surface du sol des modifications continuelles. Elles entraînent, des hauteurs dans les bas fonds, tout ce qui est mobile et friable. Ainsi les montagnes se dénudent ; ainsi se comblent les vallées ; ainsi se produisent les atterrissements à l'embouchure des ruisseaux dans les rivières, de celles-ci dans les fleuves et des fleuves dans la mer. Mais l'embouchure d'un ruisseau c'es le point le plus bas d'une petite vallée, l'embouchure d'une rivière c'est le point le plus bas d'un bassin secondaire, et l'embouchure d'un fleuve le point le plus déclive, la terminaison définitive d'un grand bassin à la mer.

De ces modifications superficielles du sol, résultent des surélévations de ces mêmes points qui, dans certains lieux et par de grandes pluies ou des fontes de neige subites, occasionnent ces inondations imprévues, dont les désastres ont toujours été supérieurs aux plus puissants efforts de l'industrie humaine.

Les eaux qui tombent du ciel ne courent pas toutes à la surface. La pesanteur en entraîne une partie dans le terrain transporté et meuble, où elles descendent jusqu'à la rencontre du sol primitif de la vallée, qui, s'il est ferme et impénétrable comme le granit, l'argile ou la marne ne laisse pas les eaux aller plus profondément.

Ce sont précisément ces eaux-là, et il n'y en a pas d'autres, qui alimentent les sources.

La connaissance précise de la façon dont les eaux se comportent avec les terrains au milieu desquels elles s'étalent en nappes, ou circulent en filets, en veines, en courants, etc., est donc le préliminaire indispensable de tout *art de découvrir les sources*. L'on comprend que les géologues et les ingénieurs hydrauliciens surtout s'en soient préoccupés en tous temps. Néanmoins quels qu'aient été leur zèle, leur activité et leur science éprouvée, rien n'y a fait; les géologues et les hydrauliciens n'ont découvert aucune loi, n'ont formulé aucun système, n'ont même point hasardé d'hypothèse (1).

Ce que les géologues et les ingénieurs hydrauliciens n'ont point fait, un curé de campagne a cru pouvoir l'entreprendre, « profondément ému, dit-il, des maux sans nombre que la disette d'eau causait tous les ans dans le département du Lot, » où il était succursaliste.

L'abbé Paramelle a passé en effet trente ans de sa vie à découvrir les sources. Ses travaux ont produit de bons résultats et il en a rendu compte dans un livre. Nous avons lu ce livre; nous l'avons étudié et nous y avons puisé la conviction que l'habileté spéciale de l'abbé Paramelle ne saurait se transmettre comme se transmet un art, comme s'enseigne une science. Les chapitres 30 et 31 de *l'art de découvrir les sources* témoignent des nombreux succès de l'auteur; mais le secret de ces succès n'est pas expliqué dans l'ouvrage. Et il ne pouvait l'être; car il tient à la personne, absolument comme l'habileté exquise de ces rares médecins praticiens, doués, par la nature, de ce qu'on appelle le *coup d'œil médical.*

Un ingénieur hydraulicien qui a laissé un bon livre, après avoir fait à Dijon de beaux travaux pour y con-

(1) Ceci s'entend des géologues et des ingénieurs hydrauliciens contemporains, et est absolument vrai depuis qu'il est reconnu que toutes les eaux qui coulent sur la terre ou dans son sein viennent incontestablement du ciel où elles s'élèvent en vapeurs et d'où elles redescendent en pluie.

duire et distribuer les eaux d'une source, a rendu à M. l'abbé Paramelle le même témoignage que nous ; il attribue les succès du digne abbé à l'empirisme.

A l'époque où M. Darcy faisait imprimer son livre, celui de M. Paramelle n'était point publié. Mais un autre ingénieur en chef des ponts et chaussées, M. Parandier, avait eu l'occasion de suivre M. l'abbé Paramelle dans plusieurs de ses explorations. Il transmit à M. Darcy des renseignements précis que ce dernier a consignés dans son livre et que nous allons reproduire.

« Dans les terrains massifs, dit M. Parandier, c'est-à-dire non stratifiés, le relief du terrain présente des formes arrondies.

« Lorsque la masse minérale, à raison de sa dureté et de sa cohésion, a pu résister aux érosions plus ou moins violentes des cataclysmes, l'inclinaison des coteaux est rapide, comme dans les chaînes de montagnes granitiques.

« Si les terrains massifs sont argileux, marneux et peu résistants, leurs formes sont plus mollement accusées, et les pentes des versants moins rapides, l'altération que subissent à la longue ces marnes ou ces argiles vient encore s'ajouter à leur facilité d'érosion, pour déterminer, comme conséquence, l'adoucissement des versants sur lesquels elles reposent.

« Enfin lorsque dans les terrains stratifiés (déposés par couches, une assise d'argile ou de marne est intercalée entre des masses rocheuses et résistantes, il est aisé de s'en apercevoir au premier aspect général d'une localité ; en effet, le profil du relief, d'abrupte et de saccadé qu'il est toujours, à l'affleurement des couches rocheuses, passe brusquement à une pente douce ou arrondie dans la partie correspondante à la couche altérable.

« Ces circonstances de reliefs de terrain que M. Paramelle connaît par son expérience, sinon par une appropriation scientifique, lui donnent immédiatement la clef de la nature du sous-sol qu'il doit considérer. Premier moyen d'investigation.

« L'état et la nature de la végétation lui en offrent un second.

« En effet, au fur et à mesure que M. l'abbé Paramelle remonte à pas lents un vallon ou une dépression continue, pour y découvrir une source, on voit bien aux regards qu'il jette sur les plantes et sur le sol, qu'il cherche à induire de la nature et des forces végétatives des premières d'une part ; et, d'autre part, de la consistance du second, la présence plus ou moins probable des eaux, et même leur profondeur approximative au-dessous de la superficie du terrain.

« Nous pouvons maintenant nous faire une idée de la méthode de M. Paramelle.

« Et, d'abord, suivons-le sur un plateau composé de masses rocheuses et stratifiées ; ces plateaux, généralement recouverts d'une faible épaisseur de terrain détritique perméable, sont eux-mêmes absorbants. Souvent même, lorsque ces plateaux forment des bassins fermés, on les voit perforés par des bas-fonds, puits ou entonnoirs où se perdent les eaux pluviales; ils sont d'ailleurs latéralement découpés par des gorges plus ou moins profondes, où, par une foule de fissures, se rendent plus ou moins promptement les eaux pluviales. Sur ces terrains, qui présentent un aspect desséché, la végétation est peu vigoureuse, les arbres rares et rachitiques; aussi, M. l'abbé Paramelle, à peine entrevoit-il ces terrains qu'il s'empresse de dire : *Il n'y a rien à faire ici n'allons pas plus loin.*

« Cette conclusion négative, chacun l'avait déjà prononcée.

« Lorsque le relief du terrain, annonçait au contraire, d'après les indications précédentes, un sous-sol de marne ou d'argile imperméable, il était rare, dit M. Parandier, que M. Paramelle n'annonçât pas l'existence d'une source, ou du moins la chance de la découvrir en tel ou tel point qu'il indiquait même d'assez loin, soit dans un vallon, soit dans un pli du sol.

« Cette allégation reposait sur des bases aussi probables que la décision négative dans le cas précédent.

« En effet, le sous-sol, dans la nouvelle hypothèse qui nous occupe, est, presque toujours recouvert d'un terrain détritique, ne fût-ce que de terre végétale, ou bien d'un terrain de transport soit ancien, soit fluviatile, plus ou moins moderne ; les eaux pluviales y pénètrent et arrivent par suintement jusque sur le sol vierge où elles circulent, en suivant la pente qui tend à les réunir dans le thalweg des plis de ce sous-sol. Elles arrivent ainsi jusqu'aux parties inférieures du vallon où elles coulent sous la masse du sol, et quelquefois le détrempent jusqu'à le rendre marécageux. Alors M. l'abbé Paramelle dirigeait ses pas vers l'origine du vallon, s'arrêtait au point où il supposait son profil plus resserré, et où, en même temps, l'épaisseur du sol détritique, ou diluvien lui semblait la moins grande; puis il prescrivait en ce lieu l'exécution d'une tranchée perpendiculaire à la direction du thalweg du vallon, et la construction d'un mur imperméable descendant à une profondeur qu'il déterminait à peu près. Enfin, pour couronner l'œuvre, il annonçait qu'en plaçant un tube à travers ce mur il en sortirait une source grosse comme le petit doigt, le pouce ou l'avant-bras, suivant l'étendue du bassin sur lequel il opérait.

« C'est par une longue habitude que M. Paramelle est parvenu à apprécier rapidement, non-seulement les formes du sous-sol imperméable et, jusqu'à un certain point, l'épaisseur des terrains modernes, alluviens ou détritiques qui le recouvrent, mais encore, par l'étendue des vallons, bassins ou dépressions, la quantité d'eau qu'on pouvait faire surgir sur un point choisi.

« Pour un vallon secondaire creusé dans l'affleurement de puissantes assises d'argile ou de marne, au-dessous des escarpements abrupts qui dominent une vallée principale, les circonstances sont les mêmes ainsi que la méthode d'investigation, — seulement, dans ce cas, l'épaisseur des terrains d'éboulis, ou d'anciens dépôts de moraine peut mettre le chercheur de sources en défaut : — Quelquefois, au contraire, lorsque au-dessus des vallons explorés, un pli des terrains supérieurs y verse des sources masquées sous les dépôts, le succès des recherches dépasse toute espérance.

« On voit donc que, guidé, comme il l'est en effet, par les considérations précédentes, M. l'abbé Paramelle peut souvent réussir dans ses recherches.

« D'autres fois des dislocations inaperçues ou de grands éboulements déplaçant les masses argileuses jettent l'abbé Paramelle dans l'erreur. Il doit arriver qu'en opérant sur un vallon dont le sous-sol, n'cst imperméable que sur une zone bornée par l'affleurement d'une assise marneuse d'épaisseur médiocre, les indications portent en dehors de sa limite, cachée par des dépôts superficiels. Les intéressés, du reste, ont souvent à s'imputer de leur côté la cause des non succès; au lieu d'approfondir assez leur tranchée, et d'enraciner convenablement le mur dans le sous-sol imperméable, ils s'arrêtent avant le moment convenable; et, en ne descendant pas assez les fondations du mur par une économie mal entendue, ils laissent échapper les eaux par dessous, sans les intercepter et les recueillir.

« Les recherches de M. l'abbé Paramelle sont donc exposées à bien des causes d'erreur qui peuvent tromper les prévisions; toutefois on comprend que les déceptions sont beaucoup moins fréquentes dans des localités à sous-sol franchement massif, argileux, marneux, impénétrable. »

« M. Parandier n'a point vu, dit M. Darcy, M. Paramelle explorer les terrains massifs primordiaux; mais, ainsi que cet ingénieur en chef le fait observer, ces derniers sont généralement très-peu perméables, les sources y partent du sommet des montagnes à l'état de simples filets : elles y sont souvent masquées par une certaine épaisseur d'arkose ou de roche décomposée qui absorbe les eaux à la manière des terrains détritiques; on sait que cette décomposition se présente dans les masses granitiques à base de feldspath. En conséquence, les terrains primordiaux présentent, en ce qui concerne l'existence et la marche des nappes souterraines, les mêmes propriétés générales que les formations à sous-sol argileux ou marneux; et le même mode d'exploration peut encore leur être appliqué...

« Tel est le résumé de la méthode de M. Paramelle.

On conclura aisément de ce qu'on vient de lire, continue M. Darcy, que ce procédé ne peut être appliqué à la recherche des sources circulant dans une couche perméable ayant des couches imperméables pour base et pour toit. Ces sources, dites artésiennes, ne s'obtiennent en effet que par la fracture naturelle ou le percement artificiel de l'enveloppe supérieure. Mais, encore une fois, le mode d'investigation de M. Paramelle, reprend sa valeur et son utilité pratique pour la recherche des nappes formées par le suintement des eaux pluviales, à travers des terrains détritiques, (terrains mobiles entraînés des hauteurs dans les bas fonds) placés sur un terrain composé d'argiles compactes ou de marnes, ou enfin de terrains massifs quelconques imperméables.

« Il n'y a là, comme on voit, ni procédés mystérieux, ni magie ; — *un peu de mise en scène peut-être !* Toutefois il faut reconnaître que, malgré les incertitudes qu'ils présentent, les moyens d'exploration de l'abbé Paramelle, ont été pour les habitants des campagnes, l'occasion de découvertes précieuses, en permettant parfois de faire surgir du sol, des eaux qui, suintant et circulant à une certaine profondeur, allaient auparavant se perdre dans le sous-sol des bas fonds, et dans le thalweg des vallons. » (DARCY : *Histoire des Fontaines publiques de Dijon*, page 121 et suiv.)

Tout ce qui précède a été écrit par M. Darcy avant

la publication du livre de M. l'abbé Paramelle. A l'apparition de l'*art de découvrir les sources*, le savant ingénieur est revenu sur ce sujet ; et voici le jugement définitif qu'il a porté de l'auteur et de son livre :

« M. Parandier, dit-il, est un géologue exercé, et qui, mieux qu'un autre par conséquent, pouvait se rendre compte des méthodes *sur lesquelles M. Paramelle ne s'expliquait pas*... Je n'ai rien à modifier dans les documents que M. Parandier a bien voulu me transmettre... En indiquant les principes qui servent de base aux recherches de M. Paramelle, M. Parandier n'avait pu me faire connaître le procédé, *le tour de main*, si je puis m'exprimer ainsi, que cet hydroscope emploie pour arriver au but désiré. C'est à l'ouvrage de M. Paramelle qu'il faut recourir pour les détails spéciaux.

«.....Son livre enseigne quels sont les terrains les plus favorables à la découverte des sources... A ce sujet j'aurais peu de chose à ajouter aux considérations développées (par M. Parandier).

«.....Il donne les moyens de reconnaître approximativement la direction des sources souterraines...... M. Paramelle tient pour certain que la nappe souterraine se forme et marche de la même manière que les eaux superficielles..... Le principe posé par M. Paramelle ne peut exister que dans le cas où la surface imperméable souterraine serait parallèle à celle sur laquelle circulent les eaux *sauvages* (superficielles) ; or, il n'y a pas de raison nécessaire pour que ce parallélisme ait lieu.

« M. Paramelle calcule la profondeur des nappes inférieures :

1° Au moyen d'un nivellement exécuté entre les points où la nappe se montre naturellement ou apparaît dans des puits préexistants.

2° Par une simple proportion, de laquelle il conclut, (l'inclinaison des deux versants d'un vallon étant donnée) la ligne souterraine d'intersection de ces deux versants, au-dessus de laquelle la nappe doit nécessairement couler;... pour que la proportion conduise à un résultat convenable, il faut admettre que l'inclinaison des versants soit, sous le terrain détritique, ce qu'elle est au-dessus de ce terrain.

3° Par l'examen attentif des profondeurs probables auxquelles descendent les couches imperméables.

« M. Paramelle cherche enfin à se rendre compte du débit des nappes auxquelles il doit parvenir. Les eaux pluviales en tombant se divisent en quatre parties.

« 1° La première court à la superficie du terrain jusqu'aux ruisseaux voisins.

« 2° La deuxième disparaît par l'évaporation.

« 3° La troisième est absorbée par la végétation.

« 4° La quatrième partie, enfin, descend sous le sol en proportions très-variables, suivant la nature des terrains, et forme les nappes souterraines. Ainsi on a trouvé, dans les opérations du drainage, que les terrains de sables verts recueillaient jusqu'à la moitié de l'eau pluviale; des terrains compacts, au contraire, laissent la presque totalité de l'eau de pluie couler à la surface.

« On voit donc quelle incertitude nécessaire environne la question de débit posée par M. Paramelle. Je donnerai pourtant un fait qu'il présente comme résultant d'un grand nombre d'observations qui lui sont propres, observations faites dans des circonstances moyennes, et dont il modifie les résultats d'après l'aspect géologique des lieux qu'il visite. *Les couches détritiques de 2 à 8 mètres d'épaisseur, reposant sur une couche imperméable convenablement inclinée, produisent, après une sécheresse ordinaire, environ 4 litres par minute par 5 hectares de superficie ou 1,152 litres par jour et par hectare*. Telle est la base généralement adoptée par M. Paramelle dans ses calculs.

« Il admet aussi que le rapport du débit annuel des sources à la quotité d'eau qui tombe est d'environ un douzième.

« On comprend que toutes ces évaluations ont un large côté aléatoire. » (Darcy, *Histoire des fontaines publiques de Dijon*. page 600 et suiv.)

Telle est en effet l'opinion que l'on doit avoir de l'habileté incontestable de M. l'abbé Paramelle ; et tel est le jugement que l'on doit porter de son livre. Il y a, dans ses indications imprimées comme dans ses pronostics sur place, un *large côté aléatoire.*

Mais il ne faut pas oublier que l'étonnement du vulgaire est l'accompagnement obligé de toute habileté pratique comme de tout hasard heureux ; sans compter que, si l'on fait grand bruit des réussites on se tait ordinairement sur les insuccès ; nul n'ayant intérêt à relever ces derniers et à les faire connaître.

Dans le livre de M. l'abbé Paramelle les attestations de succès ne font pas défaut. Le chapitre XVI se termine par un relevé assez substantiel de plusieurs journaux de province. Un second relevé semblable compose en entier le chapitre XXXI. Enfin, dans l'avertissement mis en tête de la seconde édition qui a paru en 1859 chez Dalmont et Dunod, on relève aussi les éloges des grands journaux de Paris. Mais, en aucun endroit de son livre, l'auteur n'a mentionné les observations de l'ingénieur en chef des ponts et chaussées consignées dans l'ouvrage de M. Darcy, publié trois années auparavant par les mêmes éditeurs.

Au surplus, le *large côté aléatoire* dont parle M. Darcy n'est point nié par M. l'abbé Paramelle. Le digne ecclésiastique confesse, avec une certaine ingénuité, presque à chaque page, que ses indications n'ont rien de certain, qu'elles ne sont que probables : il pousse même le scrupule jusqu'à donner la mesure du crédit et de la valeur absolue de son langage et de ses expressions.

« On trouvera, dit-il, dans cet ouvrage, les exceptions très-fréquemment indiquées par quelqu'un de « ces mots *souvent, ordinairement, généralement;* mais « je n'ai pas cru pouvoir les introduire partout où elles « auraient dû être placées, car il aurait fallu les insérer dans la plupart des phrases, ce qui aurait étrangement défiguré le langage. » (L'abbé PARAMELLE : *l'Art de découvrir les sources,* préface, page VIII.)

Nous rendrons hommage à une telle franchise en reproduisant la réflexion par laquelle M. Darcy termine sa note critique. « Les travaux de M. Paramelle, dit-il, ont été entrepris sous l'inspiration d'une pieuse pensée ; ils ont produit de bons résultats, et l'ouvrage dans lequel il rend compte de ses recherches est un livre curieux et utile. »

CHAPITRE X

DES PUITS ARTÉSIENS

Ils ne peuvent servir de base à une distribution d'eaux publiques. — Etat actuel des puits artésiens de la ville de Tours. — Puits artésiens de Venise. — Coup d'œil géologique. — Puits artésiens de Grenelle et de Passy. — Raisons qui s'opposent à ce qu'on en fasse la base de l'alimentation de Paris en eaux potables. — Analyse des gaz de ces puits par M. Péligot. — Ses conclusions relatives à l'emploi de leur eau.

Quand on entreprend un forage on court de plus nombreuses chances d'insuccès et de plus graves, que lorsqu'on creuse le sol sur les indications de *l'art de découvrir les sources*.

Hors de très-rares exceptions, dont il nous serait même impossible de citer un exemple authentique, les puits artésiens n'ont jamais pu servir de base fondamentale à une distribution d'eaux publiques.

On peut être à ce sujet complétement de l'avis de M. l'abbé Paramelle : « Tout en reconnaissant, dit-il, les avantages sans nombre et les agréments de toute sorte que procurent ces admirables puits, je n'imiterai pas certains auteurs qui, pour encourager tout le monde à en entreprendre, citent bien exactement tous ceux qui ont réussi, mais ils ne font pas connaître ceux qui n'ont point réussi, ni les grands frais que les uns et les autres ont occasionnés.

« Dans les quarante départements que j'ai parcourus dans le plus grand détail, j'ai rencontré dix-neuf localités dans chacune desquelles on avait foré un puits artésien, à la profondeur de quarante à cent cinquante mètres. A Elbœuf j'en ai vu un, qu'on venait de terminer et qui avait parfaitement réussi. Sur la place de Saint-Sever à Rouen, sur celle de Saint-Ferréol à Marseille, et à Béchevelle en Médoc, j'ai vu trois autres puits artésiens, qui avaient coûté chacun de 15,000 à 40,000 francs, produisant chacun un petit filet d'eau qui coulait à la hauteur de deux ou trois pieds au-dessus du sol, par un robinet moins gros que le petit doigt. Dans les autres quatorze localités que je m'abstiens de désigner, pour ne pas nuire à la réputation de ceux qui ont conseillé ou entrepris ces puits, on a complétement échoué, après avoir dépensé de 20,000 à 150,000 francs. (L'abbé Paramelle : *l'Art de découvrir les sources*, page 321.) »

Le meilleur enseignement en cette matière est en effet l'expérience. Nous nous bornerons à raconter les destinées des puits artésiens qui ont excité au plus haut point l'attention publique.

Puits artésiens de la ville de Tours. De 1830 à 1837 il

a été creusé dans cette ville onze puits artésiens de 112 mètres 80 centimètres à 169 mètres 30 centimètres de profondeur. Neuf de ces puits ont été creusés aux frais de la ville; les autres, pour le compte des particuliers.

Le puits de la place Saint-Gatien creusé en 1830, descendu à 120 mètres 50 centimètres, a d'abord donné, à 3 mètres au-dessus du sol, 23 litres 60 centilitres par minute. Depuis longtemps il ne donne plus aucun produit.

Le puits de la tour Charlemagne, creusé par la ville, en 1831, jusqu'à 112 mètres 80 centimètres, a donné, à 3 mètres au-dessus du sol, 31 litres : il a promptement perdu son eau. On l'a réparé en 1836 et 1837 et descendu à 159 mètres, et il a donné, à la même élévation que ci-dessus, environ 85 litres d'eau par minute.

Le puits situé près de l'église de Lariche, a été descendu en 1832 jusqu'à 128 mètres, il a donné à 1 mètre 80 au-dessus du sol, 173 litres par minute. Il ne donne plus aujourd'hui que le tiers de ce produit. En 1834, on y a poussé la sonde jusqu'à 144 mètres 30 sans résultat.

Dans la caserne de cavalerie du vieux château, un quatrième sondage a été poussé jusqu'à 128 mètres, il a donné jusqu'à 1,110 litres 58 par minute, à la hauteur de 1 mètre 80 au-dessus du sol. Ce produit a successivement diminué et l'eau a même fini par ne plus arriver au sol.

Dans la caserne d'infanterie, en 1833, on a pratiqué un cinquième sondage qui a pénétré jusqu'à 140 mètres. Il a donné, au niveau du sol, environ 500 litres par minute; en 1836, il ne donnait que 215 litres, en 1838, il n'en donnait que 28; enfin plus rien.

Le puits de l'abattoir creusé en 1835, et poussé jusqu'à 146 mètres donnait, à 2 mètres au-dessus du sol, 365 litres par minute, il ne donne plus depuis longtemps que le quart de ce produit.

Le puits de l'hospice foré en 1836, a donné jusqu'à 700 litres par minute, à 2 mètres 50 au-dessus du sol. Il est réduit au septième, il ne donne plus que 100 litres.

M. Tessier, brasseur également à Tours, a fait pousser la sonde jusqu'à 138 et 154 mètres : le premier puits a donné, à 2 mètres au-dessus du sol, 1390 litres par minute; le second, à 1 mètre, 900 litres, leurs produits réunis ne donnent plus maintenant que 450 litres.

M. Chauveau, architecte, a pratiqué un forage, à l'ancien prieuré de Saint-Éloi : Il a obtenu au niveau du sol 2,500 litres par minute, c'était en 1837 : il ne donne plus que 400 litres à 4 mètres au-dessus du sol.

Un autre négociant, M. Champoiseau a fait pratiquer un forage qui, à 137 mètres 75, lui a donné pendant quelque temps 1128 litres par minute; puis il a cessé de couler. En poussant la sonde jusqu'à 220 mètres, il est revenu à son premier produit.

Puits artésiens de la ville de Venise. Les détails qui

suivent sont extraits d'une note que nous avons présentée à l'Académie des sciences, le 15 avril 1861. C'est le résultat définitif de l'expérience, concernant l'application des eaux artésiennes à l'alimentation de cette ville.

« L'Académie a été entretenue plusieurs fois des essais qui ont été faits à Venise pour alimenter la population avec les eaux artésiennes. Je trouve dans le tome XXV, page 214 des *Comptes rendus* (séance du 2 août 1847), la mention d'une note sur ce sujet envoyée par M. de Challaye, consul de France. Le tome XXVI, page 50 (séance du 10 janvier 1848), contient une seconde note sur le même sujet.

« Depuis lors trois lustres se sont écoulés. Il m'a paru intéressant, après ce long espace, de connaître les résultats d'une expérience qui, si elle eût été complète, devait avoir pour effet inévitable de modifier profondément le régime alimentaire d'une population de 120,000 âmes. Je dis si elle eût été complète; mais elle ne l'a pas été, car les citernes particulières n'ont point été négligées.

« Ce qui reste de cette expérience, c'est :

1° La connaissance du terrain sur lequel la ville de Venise est assise;

2° Celle des qualités réelles et de l'origine probable des eaux douces que la sonde a amenées d'une profondeur de 60 mètres.

« Pour avoir des données certaines et parfaitement

authentiques, les seules dignes de la science, j'ai eu recours à la voie officielle. A ma sollicitation, M. le ministre des affaires étrangères a invité M. le baron de Theis, consul général de France à Venise, à recueillir auprès des autorités vénitiennes les renseignements qui m'étaient nécessaires. Son Excellence, M. Thouvenel, a bien voulu me les transmettre immédiatement.

« Ces documents sont :

1° Cinq analyses comparatives comprenant l'eau de trois puits artésiens, l'eau de la Brenta et l'eau des citernes du palais ducal ;

2° Un plan de situation des puits dans la ville ;

3° Le jaugeage des eaux artésiennes fait à diverses époques, de 1847 à 1856 ;

4° Un dessin représentant les coupes géologiques des sept sondages qui ont donné de l'eau.

Tels sont les éléments qui servent de base aux considérations suivantes :

« *Terrain de Venise.* C'est une alluvion. La sonde y a pénétré jusqu'à 137 mètres 50 centimètres. Les sables fluides et remontants, rencontrés à cette profondeur, ont empêché M. Degousé d'aller plus avant.

« L'alluvion de Venise se compose de trois éléments seulement : de sable, d'argile et de tourbe. L'argile se superpose à la tourbe et le sable à l'argile.

« La tourbe ne se forme pas au sein des eaux profondes. Si on la rencontre à 130 mètres sous le sol actuel de Venise, c'est donc que les eaux de l'Adriatique se sont élevées, ou que le rivage de la lagune s'est abaissé de 130 mètres.

« Ces couches de tourbe, d'argile et de sable reparaissent, toujours dans le même ordre de superposition. On les a rencontrées d'abord à 20 mètres, puis à 48, puis à 85 et enfin à 130 mètres. La végétation a donc paru quatre fois sur les bords de la lagune avant de s'y établir définitivement ; et chaque fois a été interrompue par des inondations suivies de dépôts d'argile recouverts de sable. Si bien que les arbres qui, maintenant, déploient leurs rameaux luxuriants au Lido et sur la Brenta ne sont, pour ainsi dire, que la cinquième génération de ceux qui ont fleuri jadis à 130 mètres de profondeur.

« *Qualité de l'eau artésienne ; son origine probable.* — Les analyses envoyées sont au nombre de cinq, et, comme je l'ai déjà dit, elles comprennent l'eau de trois puits, l'eau de la Seriola qui n'est qu'une dérivation de la Brenta, et l'eau des citernes du palais ducal. Ces analyses confirment les principes :

L'eau la plus pure est celle de la citerne (eau de pluie) : elle contient en matières fixes. 790
Vient ensuite l'eau de la Seriola ou Brenta (eau de rivière) qui en contient un peu plus. 870
Quant à l'eau des puits artésiens, les chiffres sont, pour celui de San Polo. 2 160
De San Leonardo. 2 165
De Santa Margarita. 2 180

« C'est ici le cas de rappeler l'axiome de Pline :

Tales sunt aquæ qualis terra per quam fluunt. L'eau artésienne traverse une alluvion dont elle rapporte tous les vices : de la matière organique azotée, de l'acide carbonique, de l'hydrogène carboné, de l'azote.

La matière organique qui, dans l'eau de citerne, est seulement dans la proportion de.	3
Et dans l'eau de la Seriola.	59
Est : dans l'eau de Santa Margarita.	129
— de San Polo	245
— de San Leonardo	252

Quant aux gaz, on a recueilli, pour 5 kilogr. d'eau :

Acide carbonique, eau de San Polo . . .	650	cent. cubes.
— de Santa Margarita	680	—
— de San Leonardo. .	700	—
Hydrogène carboné, chaque source . .	525	—
Azote, chaque source	175	—

« Les eaux de la Seriola et de la citerne ducale ne fournissent aucun gaz de cette nature.

« Telles sont les qualités de l'eau artésienne. Quant à son origine, voici ce qu'on en peut dire :

« L'alluvion de Venise, recouverte par l'eau de mer, est imbibée par les infiltrations des eaux pluviales, qui, dans la campagne vénitienne, forment des marais de toutes parts, et assez loin même en terre ferme, forcent les cultivateurs qui veulent assécher leurs champs à les entourer d'un fossé assez profond, lequel a toujours de l'eau, même dans les chaleurs.

« Ces marais et ces fossés, supérieurs au niveau des

eaux jaillissantes, constituent en quelque sorte le commencement de la branche descendante du siphon renversé, dont la branche ascendante est formée par les sondages. En tout cas, cette circonstance locale contribue à expliquer l'excès de matière organique et des gaz signalés par les analyses.

« *État actuel des puits artésiens de Venise.* — Dix-sept puits ont été creusés.

« Neuf ont cessé de jaillir dès le mois d'octobre 1852.

« Les huit autres ont été l'objet de cinq jaugeages exécutés à divers intervalles. Ces jaugeages ont montré dans le rendement une diminution progressive.

« Aujourd'hui les neuf puits artésiens de Venise ne donnent plus que 488 litres par minute, ce qui fait 700 mètres cubes en 24 heures et non 1,656, comme on l'a imprimé, par erreur sans doute, dans des livres publiés récemment.

« Voici, en effet, d'après le tableau officiel, ce qu'a donné le jaugeage de septembre 1856, qui a été le dernier :

San Polo.	76	litres par minute.
S. Leonardo.	67	—
S. Geremia.	67	—
S. Francesco della Vigna.	47	—
Ghetto nuovo.	68	—
S. Giacomo dell'orio.	82	—
S. Maria Formosa	23	—
S. Giacomo in Giudecca.	50	—
Total.	488	

« En 1847, quand l'eau a coulé pour la première fois, San Polo donnait 247 litres et San Leonardo 220. (*Compte-rendu de l'Acad. des sc.*, tome LII, page 724). »

L'analyse des eaux artésiennes de Venise a été faite quatre fois.

1° Au nom de la municipalité de Venise, par une commission composée de trois professeurs de l'école technique, MM. *Bizio, Zantedeschi* et *Pisanello* et par deux autres chimistes, MM. *Galvani* et *Cardo*.

Cette commission a fait deux analyses et deux rapports.

2° Par M. Ragazzini, professeur de chimie médicale à l'université de Padoue.

3° Par une troisième et dernière commission composée de deux chimistes renommés en Italie, MM. *Zanon*, de Belluno, et *Cenedella*, de Brescia, et de MM. *Penolazzi*, médecin, *Ziliotto*, chirurgien, et *Malacarne*, ingénieur, ces derniers de Venise.

Les quatre analyses sont conformes.

La première commission, dans ses deux rapports, a déclaré que les eaux des puits artésiens étaient de mauvaise qualité. La troisième a exprimé la même opinion dans les termes suivants : *Essa presenta i caratteri della cattiva aqua potabile* : elle présente les caractères de la mauvaise eau potable.

Dans ces derniers temps M. Giovanni Bizio a soumis le gaz des puits artésiens de Venise à une analyse nouvelle. Ce gaz est tellement abondant qu'on peut l'enflammer au sortir du tube. Ça été, pendant longtemps l'amusement du peuple au *Campo san Polo* et à *Santa Maria formosa.*

Ce gaz se compose de :

Acide carbonique..	4,05	centièmes.
Azote..	16,50	—
Hydrogène protocarboné.	41,98	—
Total.	100,00	

Nous terminerons cet historique des puits artésiens de Venise par quelques considérations sur la géologie de la contrée.

On l'avait étudiée, précisément pour en tirer des inductions relativement au plus ou moins de succès d'un forage. M. Paleocapa, directeur général des ponts et chaussées, avait publié en 1844 un travail intitulé : *Considerazioni sulla constituzione geologica del bacino di Venezia et sulla probabilità che vi riescano i pozzi artesiani.* C'est une œuvre des plus remarquables et à laquelle l'événement a donné un grand prix.

La plaine qui entoure la lagune de Venise n'est qu'une alluvion, s'étendant des bouches du Pô à celles du Tagliamento. Fortis a pu affirmer, avec un fondement de bonnes observations, que les monts Euganéens de Padoue étaient autrefois un groupe d'îles s'élevant au milieu de la mer qui allait jusqu'aux Alpes.

L'alluvion s'est formée par les cours d'eau qui descendent des montagnes, dont les débris limoneux venant au-devant des sables poussés par les flots de la mer, se sont déposés et ont constitué à leur point de rencontre des stratifications très-nombreuses et plus ou moins étendues.

Ces stratifications, composées de sables et de débris limoneux qui lient ces sables souvent mêlés de coquillages *(cappe)* se rencontrent partout dans la lagune et portent le nom de *caranti*. Elles alternent avec des couches de sable et d'argile grise verdâtre qui se superposent. Le *caranto* a une consistance analogue à celle du calcaire crayeux *(calcare cretoso)*. Cependant la sonde française *(trivella gallica)* l'entame facilement; et, quand elle l'a traversé, elle s'enfonce d'elle-même par son propre poids, parce qu'elle tombe dans des matières argileuses très-meubles auxquelles succèdent de nouveau les couches de sable.

M. Paléocapa concluait de là qu'on ne devait pas s'attendre à rencontrer des eaux potables dans une semblable constitution du sol. *E non è certo in queste stratificazioni di suolo che si troveranno le acque di fonte.* Pour avoir l'espérance de rencontrer des eaux vives et de bonne qualité, il faut se résoudre à pénéter au moins jusqu'au terrain tertiaire, c'est-à-dire à une profondeur inconnue. Et, en effet, il n'y avait qu'à mesurer l'inclinaison des Alpes et leur plus courte distance à la mer, pour rester convaincu que cette profondeur devait être réellement très-considérable.

Lorsqu'en 1840, M. le comte de Kolowrat, ministre

de l'intérieur, nous demanda, à Vienne, ce qu'il conviendrait de faire pour compléter l'approvisionnement de Venise, qui manquait d'eau douce pour son industrie, car Venise n'a pas besoin d'eau pour la boisson, nous pensâmes immédiatement aux puits artésiens. Nous n'avions là-dessus aucune lumière : mais les premiers savants, les praticiens les plus expérimentés du pays et M. Paléocapa lui-même nous eurent bientôt fait comprendre les hasards de l'entreprise. On rencontrera de l'eau à des profondeurs diverses, médiocres même, mais cette eau sera le résultat des infiltrations pluviales. Sous le sol de Venise ce ne sont que des dépôts d'alluvions marines et fluviatiles, et ce n'est pas l'eau de ces dépôts qu'il nous faut, car, comme l'enseigne l'expérience, une pareille eau ne saurait y être ni de bonne qualité ni en quantité suffisante.

Dans de pareilles circonstances, un aqueduc pouvait seul résoudre la question. On s'occupa donc d'un aqueduc. Plusieurs projets furent étudiés avec le plus grand soin ; et l'on allait mettre la main à l'œuvre, lorsqu'un de ces esprits qui ne doutent de rien proposa de creuser un *puits de Grenelle (sic)* au beau milieu de la place Saint-Marc. L'idée fit fortune, on ne parla plus que de *puits artésien* et l'on mit tout en œuvre, *tout*, pour faire suspendre l'exécution d'un aqueduc. Les entrepreneurs arrivèrent, aidant au préjugé par leur confiance aventureuse; et la municipalité de Venise se laissa aller à conclure un contrat, dont la réalisation était soumise à un si chanceux avenir.

Cet avenir est arrivé. La municipalité de Venise, si elle n'a pas perdu beaucoup d'argent, s'est vue privée du bénéfice qu'auraient procuré à ses habitants, depuis longues années, les eaux pures et abondantes du *Sile* en favorisant l'établissement ou le développement de toutes les industries qui trouvent dans l'eau un de leurs principaux éléments.

Les erreurs dont les conséquences n'intéressent que les individus sont dignes de pitié. Quand des populations, quand des villes entières en sont les victimes, la postérité réserve à leurs fauteurs une triste mémoire.

Puits artésien, de Grenelle et de Passy. — Paris est au centre d'un bassin formé de trois couches principales non compris le terrain de transport qui est superficiel. Ces couches, sont, en allant de haut en bas, composées d'argile plastique, de craie blanche ou de craie grise ou marneuse. Vient ensuite le *gault* ou galt des Anglais, marne bleue ou argile à laquelle succède plus ou moins immédiatement la couche des sables verts qui sont perméables, et qu'on désigne généralement sous le nom de grès vert, *lower green sand* des Anglais.

Au-dessous du grès vert, on rencontre le terrain *optien*, autre formation argileuse imperméable comme le *gault*. Il résulte de cette disposition que le *grès vert* perméable est emprisonné entre deux couches de terrains imperméables.

Ces terrains, c'est-à-dire, le gault et les sables verts, situés si profondément sous le sol de Paris, se relèvent et viennent affleurer le sol à une assez grande distance autour de Paris. On les a signalés aux environs de Troyes, d'Auxerre, de Saint-Dizier, et jusque sur les flancs des Ardennes, sur lesquels ils viennent s'appuyer en se réduisant à rien. Or, à Troyes, les sables verts apparaissent à l'altitude d'environ 140 mètres.

Les eaux qui pénètrent dans les sables verts viennent s'emprisonner sous le sol de Paris ; et, quand on leur ouvre une issue, elles remontent jusqu'à la hauteur voulue par les lois de la pression hydraulique, tendant à atteindre le niveau de leur point de départ, qui, en certaines localités, est à 140 mètres au-dessus du niveau de la mer.

Plusieurs forages pratiqués à Tours et à Elbeuf avaient donné de l'eau jaillissante. A Elbeuf on avait rencontré trois nappes distinctes ; à Tours, on en avait rencontré huit. Et ces nappes étaient d'autant plus abondantes qu'elles étaient plus profondes. Les premières étaient argileuses et coulaient difficilement, dans les autres, l'argile était moins abondante et les sables beaucoup plus perméables.

Un très-habile sondeur allemand, M. Kind, confiant dans un procédé de sondage, de son invention et d'une puissance bien supérieure aux moyens employés par les autres sondeurs, est venu proposer à la ville de Paris de forer un puits artésein, d'un diamètre franc de 60 centimètres, assurant, moyennant contrat, qu'il en ferait jaillir en 24 heures, 14,000 mètres cubes d'eau. Il ne cachait pas qu'il comptait uniquement sur le plus grand diamètre de son forage, pour avoir ce produit plus abondant.

M. Kind a réussi; au lieu de 14,000 mètres cubes d'eau, le puits de Passy en donne 25,000. Mais comme il a poussé la sonde beaucoup plus profondément, que ne l'avait fait à Grenelle, M. Mulot, on ne peut pas dire absolument que la plus grande abondance d'eau soit due uniquement au plus grand diamètre de son tube.

Le puits de Passy, n'a pas donné autant d'argile que celui de Grenelle. La sonde a atteint la nappe de Grenelle, et elle l'a traversée pour attaquer une autre couche d'argile, après laquelle a été rencontrée la seconde nappe, qui fournit une eau assez limpide et peu melée de matières argileuses et de grès.

Le meilleur jugement, qui ait été porté sur les puits artésiens destinés à alimenter des populations agglomérées, est celui que M. Dumas a émis sur les puits artésiens de Grenelle et de Passy, dans son rapport à M. le ministre de l'agriculture, du commerce et des travaux publics. A l'exception de ce que le savant sénateur dit de la chaux et de l'acide carbonique, on peut affirmer que sa doctrine est conforme aux véritables données de la science et de l'expérience, voici un extrait de ce rapport et les conclusions principales.

« Il résulte des observations que les ingénieurs de la ville ont effectuées, tant sur le puits de Passy, que sur le puits de Grenelle, qu'à Paris, on ne peut forer deux puits à la distance de 3,500 mètres, sans qu'ils exercent l'un sur l'autre une influence prompte et durable.

« Le débit du puits de Grenelle, qui, au 24 septembre de cette année, se maintenait à 630 litres par minute, quantité à laquelle il s'était réglé depuis longtemps, a commencé à décroître trente heures après l'apparition des eaux jaillissantes du puits de Passy. Jusqu'au 13 octobre, la diminution n'a pas cessé de suivre une marche régulière ; et à cette dernière époque le puits de Grenelle ne donnait plus que 420 litres par minute : il avait donc perdu un tiers de son rendement normal. Il est vrai que l'écoulement des eaux de Passy s'effectuant à un niveau plus bas de 20 mètres que le plan de déversement des eaux du puits de Grenelle placé au sommet de la colonne qui le surmonte, on pouvait penser que le dérangement survenu dans le débit de ce dernier tenait autant à une diminution de pression, qu'à un appauvrissement de la nappe.

« Mais, le 28 octobre, le puits de Passy ayant été surmonté à son tour d'un tube provisoire qui en élève les eaux à la hauteur du déversoir supérieur du puits de Grenelle, son propre débit s'est réduit de 11,500 litres par minute à 5,750, c'est-à-dire à la moitié. Les ressources mises à profit par le puits de Grenelle étaient donc doublement améliorées, puisque son rival était placé désormais dans les mêmes conditions de presssion que lui, et qu'il ne demandait plus à la nappe commune, qu'une quantité d'eau moitié moindre.

« Cependant le puits de Grenelle, qui s'était montré assez prompt à ressentir le dommage, a mis plus de lenteur à accuser le changement favorable qui devait survenir dans son régime par suite des modifications apportées aux conditions du puits de Passy. Ce n'est pas avant trois jours que son débit s'est accru, passant de 420 litres à 440, atteignant 450 au bout de 5 jours, et 460 après huit; puis, sauf quelques oscillations, demeurant fixé à ce dernier chiffre, et ayant perdu en définitive, à ce qu'il paraît, près de 28 pour cent de son rendement primitif.

Cette perte, quelle qu'en soit la cause, prouve peut-être qu'on ne pourrait percer, dans l'enceinte des fortifications, qu'un nombre assez restreint de puits artésiens, si l'on voulait maintenir intact le débit de ceux qui auraient été mis les premiers en activité...

« A un autre point de vue, il paraît également imprudent de chercher dans l'emploi des eaux artésiennes la base exclusive de l'alimentation de la ville de Paris... Il est évident que toute secousse imprimée au sol, qui se transmet sans les modifier à travers les couches solides, peut devenir, partout où se présente un espace vide, l'occasion de glissements, de ruptures, d'éboulements capables de compromettre pour longtemps ou d'anéantir pour toujours les ressources des puits artésiens.

« Après le tremblement de terre du 14 août 1846, M. Pilla constatait près de Lorenzano, en Toscane, l'apparition de sources formant autant de puits artésiens, dit-il, alignés selon six bandes, dont l'une en comptait vingt-quatre. Des nappes d'eau souterraines avaient été soudainement mises en communication avec la surface du sol par la rupture brusque des couches de terrain, et par la formation des crevasses qui en étaient la conséquence. Si de telles nappes d'eau eussent alimenté des puits artésiens, que seraient devenus ces derniers. On avait observé les mêmes événements en 1706, sur le chemin de Rome à Tivoli, et on pourrait multiplier à l'infini de tels exemples. Paris, il est vrai, est peu sujet aux tremblements de terre ; mais quand on institue des services importants, pour un long avenir et pour des siècles, il ne faut pas qu'un accident, même de ceux qui n'apparaissent qu'à de rares intervalles, puisse les mettre en péril.

« Le 16 novembre 1843, les eaux du puits de Grenelle se troublèrent : des matières argileuses abondantes en sortirent pendant la nuit. Le lendemain, les eaux étaient claires, mais leur volume se réduisit peu à peu de moitié. Elles coulaient encore parfois très-noires pendant le cours de janvier, et ce n'est que deux mois après que leur régime reprit son allure normale. M. Lefort, l'ingénieur des eaux de la ville à cette époque, n'hésita pas, sinon à attribuer cette intermittence à une secousse de tremblement de terre qui fut ressentie à Cherbourg et à Saint-Malo, du moins à signaler comme très-remarquable la coïncidence qui fut constatée entre les deux événements.

« Les puits artésiens creusés jusqu'à la nappe des sables verts sont-ils destinés à durer toujours ? L'ingénieur est-il assez sûr de lui-même pour répondre de la solidité d'un travail qui s'effectue à 6 ou 700 mètres de profondeur, au milieu d'un sable fluide, sous les voûtes d'une argile toujours prête à se gonfler ou à se délayer dans l'eau ?...

« L'eau du puits de Grenelle étant privée d'oxygène libre et étant légèrement alcaline, un tubage en fer n'en devait, par exemple, éprouver aucun effet nuisible, et, au contraire, le fer devait s'y conserver aussi bien que dans l'eau bouillie. Cependant des observations précises ont démontré que les puits forés des environs de Tours, qui puisent dans une nappe analogue à celle où s'alimentent les puits de Grenelle et de Passy, une eau presque identique avec la leur, ne peuvent pas être tubés en fer. L'érosion des tubes en tôle s'y effectue par l'action lente et mystérieuse d'une matière inaperçue, avec une telle régularité, qu'un constructeur très-expérimenté, ayant pris l'engagement de fournir un tube garanti pour dix ans, celui qu'il a livré s'est trouvé hors de service au bout de dix ans et trois mois. Il est rare que les tubages résistent après vingt ans pour les épaisseurs de tôle habituellement employées. Tout objet en fer, en contact avec les eaux des puits forés de la Touraine, avant qu'elles aient eu le contact de l'air, se détruit tôt ou tard. Ainsi, un puits foré peut perdre tout d'un coup son tubage, et par suite, éprouver des accidents qui interrompent son service, s'il a été tubé en fer et qu'il donne issue à des eaux contenant quelques traces de certains principes qui existent dans la nappe artésienne des sables verts.

« Le cuivre paraît résister, au contraire, à leur action ; mais on n'accepte pas volontiers l'usage des boissons ou des aliments qui ont séjourné dans des vases de cuivre. Ce serait une grande responsabilité pour une administration qui, ayant dirigé à travers des tubes en cuivre, même étamés, l'eau destinée à tous les besoins domestiques de la ville, se verrait obligée, par l'impossibilité de la remplacer instantanément, de contraindre ses habitants à en continuer l'emploi en temps d'épidémie, même en présence de ces émotions auxquelles il faut pouvoir céder, et qu'il est plus sage de prévenir...

« *Conclusions*. Les phénomènes et accidents naturels, tels que les tremblements de terre, qui exercent peu d'influence sur les canaux d'écoulement des eaux superficielles, peuvent, au contraire, en produire sur les canaux d'évacuation des eaux profondes, qui soient capables d'en déranger le cours. Quoique de tels événements soient rares, il suffit qu'on ait eu en vingt ans l'occasion d'en observer une fois les effets sur le puits de Grenelle, pour qu'il n'y ait pas lieu d'exposer la ville de Paris à recevoir tout à coup, et pour des mois entiers, des eaux troubles dans tous ses réservoirs, ou à subir une diminution de moitié, dans les produits de ses puits jaillissants, qui, fût-elle momentanée, n'en serait pas moins grave.

« L'art du sondeur n'est pas encore suffisamment éclairé par l'expérience au sujet du tubage des puits très-profonds et de grand diamètre. Spécialement, en ce qui concerne la nappe des sables verts, les tubes en fer ne résistent pas ; les tubes en cuivre, fussent-ils étamés, peuvent inspirer des inquiétudes aux populations en temps d'épidémie : les cuvelages en bois sont d'une pose incertaine ; les puits non tubés et non cuvelés n'ont point été complètement expérimentés.

« L'eau de la nappe artésienne, qui est d'une grande pureté en ce qui concerne la présence des matières minérales, convient mieux que toute autre aux usages industriels et publics ; mais elle est peu aérée, elle est tiède. Il serait nécessaire, en conséquence, de la rafraîchir, et de l'aérer, pour la rendre propre aux usages domestiques, et, à leur égard, il resterait toujours à regretter qu'elle ne fût pas un peu plus riche en acide carbonique, et en carbonate de chaux.

« Enfin lorsqu'il s'agit de l'alimentation de deux millions d'habitants, il est prudent de s'assurer l'emploi simultané de masses d'eau prises à diverses sources, afin d'être toujours en mesure de donner satisfaction aux plaintes et aux inquiétudes de la population. L'eau, il y a longtemps qu'on l'a dit, ne doit jamais être soupçonnée, et, au moindre doute, il faut que l'administration puisse remplacer une eau devenue suspecte, même sans motif, par une eau qui ait conservé la confiance des consommateurs. (DUMAS. *Rapport.*) »

M. Péligot a fait une étude particulière des eaux du puits de Grenelle, au point de vue du gaz que ces eaux ramènent des profondeurs du sol.

Ayant constaté précédemment que l'acide carbonique existe habituellement en proportion considérable dans l'air que l'on extrait des eaux par l'ébulition ; que ce gaz entre pour moitié environ dans le volume de ceux qui sont dissous dans l'eau des fleuves et des rivières et dans l'eau de Seine particulièrement, il en rapporta l'origine à l'action dissolvante que l'eau pluviale exerce sur l'air confiné dans la terre végétale, laquelle terre, d'après les expériences de M. Boussingault, se trouve enveloppée d'une atmosphère qui contient jusqu'à 250 fois plus d'acide carbonique que l'air extérieur.

Quant à l'eau pluviale elle-même, l'air qu'elle entraîne avec elle ne contient que 2,46 pour cent d'acide carbonique.

Ainsi le gaz acide carbonique se trouve en proportion bien plus considérable dans les eaux ordinaires que dans l'eau pluviale.

« Cette considération, dit M. Péligot, m'a conduit à soumettre à un examen attentif, l'eau du puits foré de l'abattoir de Grenelle.

« Cette eau qui s'élève actuellement à 38 mètres environ au-dessus du sol de l'abattoir, se déverse à cette hauteur dans un bassin en cuivre, y arrivant à la fois par un tube central qui a 22 centimètres de diamètre, et par l'espace compris entre ce tube et les parois du trou de sonde. La nappe d'eau que reçoit ce bassin, qui est à 44 mètres environ au-dessus de l'étiage de la Seine, s'écoule par un large tuyau vertical pour se rendre dans les réservoirs supérieurs de la place de l'Estrapade, réservoirs dont elle complète l'alimentation.....

« Soumise à l'ébullition, cette eau a donné, par litre, 23 centimètres cubes de gaz renfermant 22 *pour* 100 *d'acide carbonique*. Après l'absorption de celui-ci par la potasse, le mélange gazeux contenait :

Azote.	82,6
Oxygène.	7,4
	100,0

..... Ce curieux résultat établit une différence bien

marquée, entre l'eau du puits de Grenelle et les eaux douces ordinaires, qui toutes ayant eu le contact de l'air, renferment en dissolution une quantité considérable d'oxygène. Sous le rapport de la nature du gaz qu'elle contient, cette eau ressemble plus à une eau minérale qu'à une eau douce.

« L'examen des substances salines laissées par l'évaporation de l'eau de Grenelle, montre que ce rapprochement n'est pas aussi forcé qu'il parait être au premier abord; car au moment où elle arrive au jour, elle est à la fois siliceuse, ferrugineuse, alcaline et sulfureuse. On sait qu'en outre elle est à la température de 28 degrés.

« D'après mon analyse, le résidu salin qu'elle laisse par l'évaporation à siccité présente la composition suivante :

Carbonate de chaux	40,8
Carbonate de magnésie	11,5
Carbonate de potasse	14,4
Carbonate de protoxyde de fer	2,2
Sulfate de soude	11,3
Hyposulfite de soude	6,4
Chlorure de sodium	6,4
Silice	7,0
	100,0

Un litre d'eau m'a donné 0gr 142 de résidu désséché.

«Quoiqu'il soit assez difficile de démontrer l'existence du fer dans l'eau qui a séjourné pendant quelques instants au contact de l'air, la nature ferrugineuse de cette eau ne peut pas être mise en doute; elle donne lieu en effet, à une petite industrie créée par le gardien du puits qui, ayant oublié un jour dans le réservoir supérieur, un verre qu'il retrouva le lendemain recouvert d'un dépôt ocreux, eut l'idée de colorer en jaune par ce procédé, des vases en cristal ordinaire, qu'il vend aux nombreux visiteurs du puits. Ces vases, qui ne séjournent dans l'eau que quelques heures, prennent une teinte irisée assez belle qu'ils doivent à un dépôt ferrugineux très-mince et très-adhérent. Un contact prolongé pendant huit à dix jours donne au dépôt ferrugineux une épaisseur suffisante pour ôter au verre toute sa transparence.....

Enfin l'eau qu'on reçoit directement du trou de sonde dans des flacons qui contiennent de l'air, fournit bientôt contre leurs parois un léger dépôt jaunâtre. Une bien petite quantité d'air suffit pour produire cet effet, qui est dû, sans aucun doute, à la transformation du carbonate de protoxyde de fer en peroxyde de ce métal.

J'ai dit que l'eau du puits de Grenelle était sulfureuse. En ouvrant le robinet qui donne issue à l'eau, l'odeur de l'acide sulfhydrique se reconnaît facilement. A la vérité, la quantité de sulfure qu'elle renferme est trop minime pour qu'il soit possible de l'apprécier exactement ; mais j'ai pu constater la présence de l'hyposulfite de soude, qui est, comme on sait, le produit de l'oxydation par l'air du sulfure alcalin que renferment les eaux sulfureuses dites *naturelles*... »

M. Péligot conclut de l'ensemble de ses expériences, que si l'eau du puits foré de Grenelle reste, au point de vue de son emploi dans les ménages et dans les usines, une eau de bonne qualité, à cause de la minime proportion des matières salines qu'elle renferme, elle présente néanmoins au point de vue géologique, en raison de la nature même de ces matières et de celle des gaz qu'elle a dissous, quelques-uns des caractères d'une eau minérale.

« Au point de vue du forage des puits artésiens, ajoute-t-il, il me sera peut-être permis de tirer de cette étude cette conséquence, qu'il n'est pas toujours à désirer que l'eau d'un puits foré vienne d'une profondeur très-considérable. Loin de trouver dans cette condition une garantie de pureté, il peut arriver que la minéralisation de l'eau soit d'autant plus avancée, qu'elle jaillit d'un sol plus profond, son action dissolvante et décomposante et celle de l'acide carbonique devant augmenter rapidement à mesure que la température du sol devient plus élevée. (Voyez *Études sur la composition des Eaux*, par M. Peligot, 2e mémoire lu à l'Académie des Sciences le 9 février 1857.) »

CHAPITRE XI

DES CITERNES

Vices naturels des puits : moyen de corriger ces vices, quand l'eau est de bon aloi. — Citerne vénitienne. Sa composition. — Les citernes du palais-ducal. — Les *Bigolante*. — Détails concernant les procédés de construction de la citerne. — Tableau des quantités de pluie annuelle en Europe. — Calculs relatifs à la superficie de toit nécessaire pour fonder la *dot* des citernes. — Moyen simple de mettre l'eau de la citerne à l'abri de toute altération. — Eléments de la citerne vénitienne appliquée au service d'une commune, d'une habitation rurale, de la maison d'un simple cultivateur.

Le puits est un réservoir plus ou moins profond où s'amasse l'eau provenant ou d'une source souterraine, ou de la filtration de l'eau du ciel dans le rayon des terrains perméables au milieu desquels il est creusé.

Le grand vice des puits c'est d'admettre aussi, par une sorte de drainage naturel, les eaux de toute nature répandues dans la zone dont ils constituent le centre et le point le plus bas.

Ce vice est surtout sensible dans les puits creusés autour des habitations. (Voyez chapitre I, page 17.)

Mais on se tromperait si l'on pensait que les puits éloignés des lieux habités en sont tout à fait exempts. Les eaux de drainage que M. Boussingault regarde avec raison comme une véritable lessive des terrains, sont toujours chargées de nitrates et de sels ammoniacaux. (*Acad. des sc.*, mars 1857.)

Pour mettre les puits à l'abri de toute contamination il faudrait donc les isoler du terrain environnant en les creusant au sein d'une couche imperméable, naturelle *ou artificielle,* et en ne donnant qu'à l'eau pure un libre accès dans leur intérieur.

Quand on a une source de bon aloi, on obtient ce résultat en mettant, autour du puits, une chemise de terre glaise bien liée et bien pilonnée, depuis le fond du puits jusqu'à la margelle ; et en établissant autour de la margelle un pavé circulaire de deux mètres de large au moins, avec pente en dehors. On renvoye ainsi, on éloigne à quelque distance, les eaux que l'on répand à ses pieds en puisant, et on les empêche de s'infiltrer juste au-dessus de la source avec les éléments solubles que les êtres vivants apportent toujours dans des lieux nécessairement très-fréquentés.

Quand on n'a pas une source de bon aloi, il faut recourir à l'eau pluviale. Mais alors le puits n'est plus qu'une citerne.

Il y a plusieurs formes de citernes, la meilleure est la citerne vénitienne. La construction et la composition de cette sorte de citerne est restée inconnue en

France jusqu'en ces derniers temps. Nous reproduirons la description que nous en avons donnée à l'Académie des sciences et dont on trouvera le texte à la page 123 du tome LI des *comptes-rendus*. Cette description est aussi complète qu'il était nécessaire pour des savants. Nous entrerons ici dans plus de détails, concernant l'application et les ressources immenses et précieuses qu'on doit retirer de son usage, partout où on n'a, ni eau de rivière, ni source vive d'eau potable.

Quant aux autres espèces de citernes, on en trouvera la description complète dans l'excellent *Traité des constructions rurales* de M. Bouchard-Huzard. (*Paris* : librairie d'agriculture, rue de l'Éperon, n° 5.)

Les matériaux constituants d'une citerne sont l'argile et le sable.

On creuse le sol jusqu'à trois mètres de profondeur et plus. On donne à l'excavation la forme d'une pyramide tronquée dont la base regarde le ciel.

On maintient le terrain environnant à l'aide d'un bâti en bon bois de chêne ou de larix, s'appliquant sur le sommet tronqué aussi bien que sur les quatre côtés de la pyramide.

Sur le bâti en bois, on dispose une couche d'argile pure, bien compacte et bien liée, et dont on unit la surface avec un grand soin.

L'épaisseur de cette couche est en rapport avec la dimension de la citerne : dans les plus grandes, elle n'a pas plus de 30 centimètres.

Cette épaisseur est suffisante pour résister à la pression de l'eau qui sera en contact avec elle, et aussi pour opposer un obstacle invincible aux racines des végétaux qui peuvent croître dans le sol ambiant. On regarde comme très-important de n'y point laisser de cavités où l'air puisse se loger.

Au fond de l'excavation, dans l'intérieur du sommet tronqué de la pyramide, on place une pierre circulaire, creusée au milieu en cul de chaudron, et on élève sur cette pierre un cylindre creux du diamètre d'un puits ordinaire construit avec des briques bien ajustées, celles du fond seulement étant percées de trous coniques. On prolonge ce cylindre jusqu'au dessous du niveau du sol, en le terminant par la margelle d'un puits.

Il y a ainsi un grand espace vide, entre le cylindre qui se dresse du milieu de l'excavation pyramidale et les parois de la pyramide, revêtues d'une couche d'argile reposant sur le bâti en bois.

On remplit cet espace avec du sable de mer ou de rivière bien lavé, dont la surface vient affleurer l'argile.

Avant de couvrir le tout avec le pavé, on dispose, à chacun des quatre angles de la base de la pyramide, une espèce de boite en pierre, fermée par un couvercle également en pierre et percé de trous. Ces boîtes, appelées *cassettoni*, se lient entre elles par un petit canal en briques sèches reposant sur le sable. Le tout est recouvert enfin par le pavé ordinaire, qu'on incline dans le sens des quatre orifices des angles, des *cassettoni*.

L'eau recueillie par les toits entre par les *cassettoni*, pénètre dans le sable, à travers les jointures des briques des petits canaux, et vient se rassembler, en prenant son niveau, au centre du cylindre creux, dans lequel elle s'introduit par les petits trous coniques pratiqués au fond.

Une citerne ainsi construite et bien entretenue donne une eau très-limpide, d'une grande fraîcheur et la conserve parfaitement jusqu'à la dernière goutte.

La description ci-dessus est calquée sur les citernes du palais ducal à Venise, qui doivent en effet servir de modèle. Elles ont été creusées, au nombre de deux dans la cour d'honneur, leurs margelles en bronze de Corinthe, ciselées par *Alberghetti et Nicolo di Marco* ne sont pas un des moindres ornements de cette cour, dont il faut avoir contemplé les magnificences pour en avoir une idée. Le ciseau de l'artiste a représenté sur ces margelles des faits de l'*Ecriture* conformes à la circonstance. C'est Moïse qui frappe le rocher de sa baguette et en fait sortir d'abondantes eaux ; c'est Rebecca qui présente sa cruche à Eliézer en lui disant naïvement : « Buvez mon maître *bibe domine mi.* »

Les citernes du palais ducal sont publiques, et tout le monde peut y puiser; mais, comme l'eau n'y filtre pas plus rapidement que dans les autres, on a bien vite enlevé le matin ce qui s'y était ramassé pendant la nuit. Alors on voit les *bigolante* s'armer de petits vases cylindriques et oblongs en fer-blanc, les suspendre à une corde légère, et les descendre cinquante fois, s'il le faut, au fond de la citerne, jusqu'à ce que leur seau soit rempli, pour y recueillir la petite quantité d'eau qui s'y ramasse de minute en minute.

Les *bigolante* portent cette eau en ville chez des pratiques, qui la leur payent plus ou moins, selon l'éloignement, 6, 8, 10 et 12 et jusqu'à 14 centimes pour seize à dix-sept litres.

Les *bigolante* sont de jeunes et jolies filles du Frioul arrivées à Venise pour y faire le commerce que font à Paris les porteurs d'eau. Il faut les voir trottant menu sur les dalles des *Procuraties* et de la place Saint-Marc, le chapeau de feutre, à bords relevés, coquettement posé sur l'oreille et décoré d'un peu de paillon.

En aucun temps le palais ducal n'eut de courtisans plus fidèles ; les faveurs que ces jeunes filles viennent y solliciter chaque matin, elles les puisent elles-mêmes au fond des citernes.

Le service des eaux à Venise est uniquement fondé sur les citernes, dont la forme s'adapte à toutes les maisons et à toutes les localités soit au rez-de-chaussée, soit dans les cours.

Ce service se complète de la manière suivante. Outre les *bigolante*, on voit circuler continuellement, dans les canaux, de nombreuses barques chargées de trois cuves, distribuant également au détail l'eau de la *Seriola*, au prix de 15 centimes le mastello d'environ cinquante litres. Les particuliers qui achètent l'eau de ces barques ne la reçoivent que de seconde main. C'est de l'eau déjà vendue par des bateliers qui vont la chercher à la Seriola, petit canal dérivé de la Brenta, aboutissant aux Moranzani, au delà de la lagune, au-dessus de Fusine.

Les bateliers font des voyages plus ou moins nombreux, selon le besoin du moment. La moyenne des barques qui se présentent aux bouches du *Moranzano* chaque jour est de 42 (de 24 à 60); leur contenance varie de 8 mètr. 40 cent. cubes jusqu'à 33 mètr. 60 cent., ce qui donne en moyenne 21 mètres cubes ou 210 hectolitres par barque.

Les barques dont il s'agit sont menées par deux hommes, à la rame et à l'aviron. L'eau y est reçue sans aucun intermédiaire; la barque en est remplie complétement et dans tous ses coins. Les rameurs la poussent en circulant pieds nus sur ses bords étroits; et, comme elle plonge tout à fait dans la lagune, pour peu que celle-ci soit agitée, soit par l'action de la rame, soit par le vent, l'eau salée vient se mêler à l'eau douce. Dans les grands vents, ce mélange de l'eau douce et de l'eau salée devient quelquefois trop fort : il faut vider la barque et revenir sur ses pas pour faire un nouveau chargement.

La cour du palais ducal forme un rectangle de 130 pieds de long sur 100 de large, en défalquant la partie qui est au delà de l'*escalier des Géants*, lequel fait face à la porte *Della Carta*. Cette partie est comme une petite cour à côté de la grande.

C'est dans la grande cour que les citernes sont établies. Leur champ est dessiné par les dalles en pierre d'Istrie qui recouvrent les *Canaletti*, et voici comment on peut aprécier son étendue.

Le pied vénitien étant égal à 0 mètre, 3477 on a pour la largeur du rectangle 34 mètres 77 centimètres et pour sa longueur 45 mètres 20 centimètres. La superficie du rectangle est donc de 1571 mètres carrés. Le demi rectangle, dans le sens de la longueur, est occupé par la base des deux pyramides renversées formant les deux citernes. On a donc pour chacune d'elles un champ de 340 mètres carrés.

Les citernes de Venise doivent leur efficacité aux principes éminemment rationnels sur lesquels repose leur construction. L'expérience ayant démontré aux fugitifs d'Altino, aux fondateurs de Rialto que l'eau du ciel est une excellente eau, il s'agissait de la recueillir et de la conserver pour l'usage. On comprit que le meilleur moyen était de l'isoler de la manière la plus absolue en la préservant de la contamination de toute eau adventice filtrant dans les terrains d'alentour. Telle est en effet la théorie de la citerne vénitienne.

En terre ferme, dans les *ville*, les maisons de campagne et de plaisance, dans les châteaux, dans les couvents, c'est toujours la citerne qui fait la base de l'alimentation. L'eau de puits ne compte pas.

Et, si on y réfléchit bien, le choix, quand on est

dans l'alternative de creuser un puits ou de construire une citerne, ne saurait être douteux.

Pour les puits, les difficultés de l'exécution et les dangers qu'elle présente ; les frais presque toujours supérieurs à ceux qu'on avait prévus ; l'incertitude du résultat — une sécheresse tant soit peu prolongée venant démontrer l'inanité des efforts, quand on se croit arrivé au but, quand on croit avoir atteint l'eau, — telles sont les chances que doit affronter le propriétaire qui veut creuser un puits.

Il n'en est pas de même s'il s'agit d'une citerne. Ici on opère à coup sûr : tout dépend de la superficie de toit qu'on veut utiliser et de la quantité de pluie qui tombe dans la localité. La pluie est un phénomène météorologique dont l'apparition, liée aux conditions physiques du globe, est par cela même aussi constante et aussi bien réglée, pour ainsi dire, que le cours des astres. *Après le beau temps vient la pluie,* comme *après le jour vient la nuit.*

Voici maintenant le procédé technique, *le modus faciendi,* mis en usage pour que toutes les conditions soient exactement observées. On commence par préparer la pierre du fond, qui doit servir de base au cylindre : elle ne doit pas être en calcaire. On dispose à proximité l'argile et le sable nécessaires, l'argile bien travaillée et bien liée, et le sable bien lavé. On creuse le terrain en forme de pyramide renversée. La troncature du sommet de la pyramide doit être égale à la grandeur de la pierre du fond. Les côtés, en talus, sont ordinairement inclinés à 45°. A Venise, on creuse à 3 mètres : en terre ferme, rien n'empêche d'aller plus profondément. On régale bien les parois et l'on applique le bâti en bois. Ce qui reste à faire exige de la précision. On commence par tapisser le fond, la troncature de la pyramide, avec une couche d'argile, de l'épaisseur que l'on a déterminée et qui doit être en rapport avec la grandeur adoptée. L'ouvrier vénitien prend l'argile dans ses mains, la manie bien, en forme une grosse boule et la jette avec force à l'endroit indiqué. Il jette ainsi boules sur boules, les lisse bien sur place, mettant un grand soin à ce qu'il n'y ait point de vides et par conséquent point d'air interposé. Quand cette couche du fond est terminée, il pose la pierre dessus bien d'aplomb et bien nivelée. Cela fait, on commence à tapisser les parois tout autour avec de l'argile. Pendant qu'on fait ainsi un pied en hauteur, toujours en jetant boules sur boules et en lissant, un ouvrier *ad hoc* élève le cylindre de la même hauteur ; puis l'on tasse une couche égale de sable dans l'intervalle. On continue ainsi jusqu'à environ un pied au-dessous du niveau du sol, en maintenant le cylindre, le sable et la couche d'argile à des hauteurs toujours égales, l'intervalle restant est occupé par le pavé. A la fin de chaque journée, on recouvre l'argile de linges mouillés, afin de la retrouver, le lendemain, en l'état d'humidité où on l'a laissée.

On recouvre le tout en dalles, en briques ou en asphalte, en conservant de légères inclinaisons de la superficie, vers les quatre angles où sont les orifices des *cassettoni*.

C'est sur la quantité de pluie qui tombe du ciel dans un lieu donné qu'il faut se baser pour ménager à une citerne la superficie de toit nécessaire à son alimentation. Nous empruntons aux œuvres de M. Arago le tableau suivant, comprenant la répartition des pluies en Europe. Les observations dont les chiffres de ce tableau sont le résumé, donnent toutes une moyenne de dix années au moins.

TABLEAU des quantités moyennes de pluie tombée par année, en Europe, et leur répartition par saisons.

LOCALITÉS.	QUANTITÉ MOYENNE de pluie tombée par saisons.				Quantités moyennes de pluie tombée par année.
	Hiver.	Print.	Été.	Autom.	
	millim.	millim.	millim.	millim.	millim.
I. FRANCE.					
Lille	136	134	220	195	685
Cambrai	64	100	157	135	456
Rouen	216	195	233	220	864
Metz	144	161	191	193	689
Montmorency	111	154	228	198	691
Gœrsdorff (Bas-Rhin)	210	218	267	213	908
Châlons-sur-Marne	145	138	157	155	595
Paris, (cour de l'Obs.)	116	141	172	135	564
Strasbourg	109	152	246	174	681
Brest	295	213	171	298	977
Denainvilliers (Loiret)	105	99	153	124	481
Mulhouse	146	191	220	197	754
Pouilly (Côte-d'Or)	186	180	191	236	793
Montbard (id.)	143	162	185	214	704

LOCALITÉS.	QUANTITÉ MOYENNE de pluie tombée par saisons.				Quantités moyennes de pluie tombée par année.
	Hiver.	Print.	Été.	Autom.	
	millim.	millim.	millim.	millim.	millim.
Dijon.	133	150	173	231	687
Nantes.	293	227	220	311	1.051
Bourges	93	93	162	169	517
St-Jean de l'Osne (C.-d'Or). .	158	161	206	257	782
Poitiers	147	134	125	175	581
Saint-Maurice-le-Girard. . .	208	68	123	227	626
Berzé-la-Ville, (près Mâcon) .	165	207	240	233	845
Bourg.	204	276	298	320	1.098
La Rochelle.	175	132	126	223	656
Lyon.	130	187	228	235	780
Le Puy (Haute-Loire). . . .	91	175	243	218	727
Bordeaux.	200	170	180	225	775
Joyeuse (Ardèche).	284	303	209	522	1.318
Viviers id.).	176	211	180	356	923
Rodez.	258	298	182	275	1.013
Orange.	141	198	119	346	804
Alais.	230	241	139	387	997
Saint-Saturnin.	108	172	108	208	596
Nimes.	144	164	87	268	663
Toulouse.	115	177	143	147	582
Montpellier.	187	203	102	317	809
Sorrèze.	315	379	248	324	1.266
Marseille.	128	117	152	212	509
Moyennes. . .	1.678	1.784	1.785	2.398	7.688
II. ILES BRITANNIQUES.					
Kinfauns-Castle.	160	155	158	165	638
Edimburgh.	148	126	169	179	622
Glascow.	135	96	160	154	545
Dumfries.	230	171	239	286	926
Lancastre	264	162	285	296	1.007
Manchester.	221	179	250	268	918
Liverpool.	188	157	242	289	876
Dublin.	161	127	144	183	615
Chatsworth.	163	140	196	203	702
Londres	121	115	151	167	554
Hackney-Hill	133	150	143	190	616
Greenwich.	160	130	161	187	638
Moyennes. . .	1.737	1.423	1.915	2.139	7.214
III. HOLLANDE ET BELGIQUE.					
Franecker	169	110	223	249	751
Le Helder.	129	119	175	228	651

LOCALITÉS.	QUANTITÉ MOYENNE de pluie tombée par saisons.				Quantités moyennes de pluie tombée par année.
	Hiver.	Print.	Été.	Autom.	
	millim.	millim.	millim.	millim.	millim.
Utrecht.	181	141	201	209	732
Rotterdam	207	166	87	250	710
Nimègue.	124	120	196	152	592
Gand.	167	156	246	206	775
Maestricht.	153	155	225	272	705
Bruxelles.	166	150	207	192	715
Moyennes. . .	1.617	1.398	1.949	2.072	7.036
IV. DANEMARCK, SUÈDE ET NORWÈGE.					
Bergen.	597	400	472	781	2.250
Lund.	88	82	162	157	489
Copenhague	89	72	176	131	468
Moyennes. . .	2.580	1.846	2.700	3.564	1.0690
V. CONFÉDÉRAT. GERMAN.					
Sagan	90	79	158	101	428
Coblentz.	91	135	197	130	553
Manheim.	104	138	185	145	572
Stuttgard.	129	127	215	171	642
Tubingen.	95	138	258	156	647
Moyennes. . .	1.018	1.234	2.026	1.290	5.568
VI. ITALIE ET SUISSE.					
Orbe.	163	151	300	249	863
Genève.	154	160	219	225	758
Udine	341	378	482	501	1.702
Trieste.	251	230	254	332	1.067
Vicence	235	244	261	366	1.106
Milan	205	230	233	298	966
Vérone.	172	212	271	295	950
Camajore.	387	298	193	500	1.378
Florence.	245	225	135	310	915
Pise.	267	244	154	580	1.245
Sienne.	197	254	180	318	949
Rome	236	185	86	277	784
Naples.	227	184	75	267	753
Palerme	224	139	33	206	602
Nicolosi	279	199	15	215	708
Moyennes. . .	2.388	2.222	1.927	3.293	9.830
VII. ESPAGNE.					
Gibraltar.	318	165	25	216	724

A ce tableau, nous joindrons le résumé suivant que le savant directeur du *Journal d'agriculture pratique*, M. Barral, a consigné dans son livre intitulé le *Bon fermier*. Ce tableau tout à fait spécial s'applique seulement à dix villes de France diversement situées du nord au midi. Les chiffres diffèrent un peu de ceux qui composent le tableau précédent, parce que les années observées ne sont pas les mêmes.

LOCALITÉS.	QUANTITÉ moyenne annuelle de pluie.	NOMBRES moyens annuels de jours de pluie.
	millimètres.	jours.
Lille	651,54	198,0
Metz	660,02	145,0
Châlons-sur-Marne	595,40	121,9
Paris	509,91	154,4
Nantes	1,352,00	135,3
Orange	742,60	95,8
Alais	991,07	115,5
Toulouse	638,55	139,6
Marseille	504,23	76,7
Alger.	949,26	107,4

Nota. — En 1772, une seule averse a fourni à Marseille, 325 millimètres d'eau.

On voit par les chiffres de ces tableaux qu'en moyenne, il tombe annuellement 0,76 centimètres de pluie, dont 21 0/0 en hiver, 23 0/0 le printemps et l'été, et 31 0/0 en automne. La moindre quantité est à Marseille, 0,50 centimètres; le maximum est à Nantes, 1,05. Pour le reste de la France, la moyenne de

0,76 est une moyenne pratique, c'est-à-dire que l'on peut baser sur elle un système applicable en tous lieux.

Prenons pour base 1,000 habitants, et calculons la provision sur les vrais besoins. Dans nos villes, une voie d'eau de 20 litres alimente convenablement un ménage de 4 personnes ; c'est donc 5 litres par personne, et, pour 1,000 personnes, 5,000 litres ou 5 mètres cubes par jour.

Il pleut 1 jour sur, 2,5 à Paris, et 1 sur 6,4 à Marseille. En prenant ces extrêmes seulement, la moyenne serait 1 jour sur 4,5 pour toute la France. *Exceptis excipiendis,* on peut adopter cette moyenne.

Il tombe plus ou moins de pluie en un temps et sur une superficie donnés. Pour n'être pas pris au dépourvu, il est évident qu'il faut calculer la superficie sur le temps où il tombe le moins d'eau.

On a vu que la moindre quantité est en hiver, où, en 90 jours, on a 21 p. 0/0 de la pluie totale de l'année : 21 p. 0/0 sur 0,76 centimètres, c'est environ 0,15 (0,1596) centimètres qui tombent un jour sur quatre et demi ; c'est 0,15 centimètres de pluie pour 20 jours d'hiver ; c'est 0,0075, un cube de 7 millimètres et demi d'eau par jour de pluie.

Mais ce cube de 7 millimètres 5 nous est donné par un mètre carré de superficie : 1,000 mètres carrés nous donneront donc 7 mètres cubes et 50 centimètres. Maintenant, quelle réserve nous faut-il ? Puisqu'il pleut un jour sur 4 et demi, cette réserve doit être de 4 jours et demi ; à 5 mètres cubes d'eau par jour, c'est 22 mètres cubes 50, lesquels exigent une superficie de 3,000 mètres carrés.

Il n'y a pas de commune qui ne dispose de cette superficie de toits. On la trouverait dans beaucoup de grandes habitations rurales et même dans de simples fermes. C'est-à-dire que dans bien des fermes, dans presque toutes les grandes habitations et dans toutes les communes certainement, on peut recevoir sur toits, sans difficulté aucune, la provision d'eau nécessaire à une population de 1,000 habitants.

Il serait facile de construire des citernes vénitiennes pouvant emmagasiner 25 mètres cubes d'eau du ciel, encore plus facile d'en construire de 10 mètres cubes. C'est cette plus petite dimension qu'il faut adopter, parce qu'elle permet de disperser l'approvisionnement sur plusieurs points de la commune.

Nous avons pris une moyenne de 4 jours et demi. Il est bien évident que, si l'on se tient à la lettre, on reste dans le faux et dans l'absurde : en toutes choses la lettre tue. Cette moyenne est pour la clarté du calcul seulement. Il faut partout un approvisionnement de 20 jours au moins, et, dans des localités exceptionnelles, davantage. Dans les salines du midi de la France, par exemple, on compte généralement sur un plus grand nombre de jours se suivant sans pluie.

L'approvisionnement de 20 jours pour 1,000 habitants sera donc de 100 mètres cubes. On ne fait pas de citerne vénitienne de 100 mètres cubes; mais on peut accoler à chaque citerne un magasin, dont la contenance peut être portée, sans grands frais, même à 200 mètres cubes. Pour 200 mètres, ce serait un cube de 10 mètres de côté et de 2 mètres de hauteur; et 200 mètres cubes d'eau c'est la provision de 40 jours; élevez la hauteur du magasin à 3 mètres, et vous aurez une provision de 60 jours.

On a donc une citerne et un magasin. Il résulte de cette combinaison un avantage plus considérable qu'il ne semble au premier abord. L'eau du magasin peut s'altérer, et, de fait, il est peu de réservoirs d'eau, disposés sur ou sous terre, dans lesquels, à la longue, l'eau, non renouvelée, ne s'altère plus ou moins. Une simple modification dans l'un des éléments de la citerne vénitienne, met à l'abri des effets de toute altération : et voici en quoi cette modification consiste :

Il faut se rappeler que l'eau est introduite dans la citerne par les *cassettoni* et les *canaletti*. On donne aux *cassettoni* et aux *canaletti* réunis un mètre cube de capacité, et on les remplit de charbon. Toute trace d'altération est immédiatement éliminée, car il ne faut qu'un kilogramme de charbon pour dépurer complétement un mètre cube d'eau. Les *canaletti* et les *cassettoni* sont très-accessibles, étant à la surface; on peut donc renouveler le charbon pour chaque opération, sans difficulté, et en rendre la dépense insignifiante en le revivifiant.

Ce système est applicable partout; il est à la portée des ressources des plus pauvres communes.

L'eau du ciel est suffisante partout et partout aussi, il est extrêmement facile de l'aménager.

En utilisant de plus grandes superficies de toit, on aurait avec la même facilité l'approvisionnement des animaux, et on pourrait remplacer, par des abreuvoirs d'eau salubre, les mares trop souvent infectes dans lesquelles on les conduit se désaltérer. On conjurerait ainsi, une des causes efficientes les plus certaines des épizooties, et on se mettrait, sans aucun doute, à l'abri des conséquences nuisibles que doit entraîner pour la santé publique l'usage de la viande et du lait fournis par des animaux mal abreuvés.

Dans toute habitation rurale où l'on peut disposer d'une superficie de toit de 1,000 mètres carrés, il est aisé de recueillir et d'emmagasiner pour l'usage une provision de quarante jours à raison de 1,500 litres par jour. C'est la provision de vingt-cinq personnes, à 5 litres; de cinquante bêtes de somme, bœufs, vaches, chevaux, etc., à 20 litres par tête; le reste pour les plantes du potager.

Dans toute commune, dans toute agglomération d'habitants où l'on peut disposer d'une superficie de toit de 12,000 mètres carrés, en un seul ou en plusieurs points pouvant être facilement reliés entre eux de manière à réunir leurs eaux en un point commun, il est aisé de recueillir et d'emmagasiner pour l'usage, une provision de quarante jours à raison de 10,000 litres de consommation journalière. 10,000 litres, à 5 litres par tête, c'est la provision de 2,000 habitants.

Mais ceci nous paraît trop important, au point de vue de la salubrité des campagnes, pour que nous nous dispensions d'y insister, au risque même de nous répéter.

Nous avons parlé de communes, de fermes, d'habitations rurales : il n'est pas jusqu'au simple cultivateur qui ne puisse se ménager les bienfaits de la citerne vénitienne. En considérant que la main d'œuvre l'emporte de beaucoup sur les matières premières, matières que d'ailleurs l'habitant de la campagne a presque toujours à sa proximité, on peut ajouter que la chose est peu dispendieuse.

Soit donc l'habitation d'un petit cultivateur exploitant deux ou trois hectares de terre. Une semblable habitation a, en superficie de toit, d'ordinaire, au moins 10 mètres sur 8 ou 9, soit 80 à 90 mètres carrés.

La superficie de 90 mètres carrés donne, dans l'année, 68 mètres cubes d'eau.

	Par jour.	Par an.	
Une personne adulte a besoin de. . .	10 litres	3 m. c.	600 litres.
Un cheval.	50	18	»
Un bœuf ou une vache.	30	11	»
Un mouton.	2	0	750
Un porc.	3	1	100
Total par an, en mètres cubes.		34 m. c.	450 litres

D'après cette base, supposez l'habitation dont il s'agit occupée par le père, la mère et deux enfants, on aura :

4 personnes consommant, par an.	14 m. c.	400 litres.
1 bête de somme.	18	»
1 porc.	1	100
1 vache	11	»
Les besoins se réduisent donc à. . .	44 m. c.	500 litres.

Une citerne vénitienne qui aurait pour vide une pyramide, représentée par 16 mètres de base et 4 mètres de hauteur, suffirait et au delà, pour conserver cette provision qui se produit et se consomme à tempérament et n'arrive et ne part jamais tout à la fois.

Le simple cultivateur qui voudra se ménager une source permanente d'eau pure, limpide et toujours fraîche n'a donc qu'à isoler, autour de son habitation, une superficie de 16 mètres carrés pour y loger sa citerne. Une fois la citerne construite, il lui suffira de soigner son toit, c'est-à-dire de maintenir en bon état la couverture et les canaux ou conduites qui le lient à la citerne.

CHAPITRE XII

DE LA QUANTITÉ D'EAU NÉCESSAIRE A UNE POPULATION AGGLOMÉRÉE.

Problème difficile à résoudre. — Besoins présents et futurs. — Limites de la quantité. — Que dit l'expérience? — Exemple. — Bases d'évaluation pour Paris et pour Londres. — Résultats fournis par une enquête. — Accroissement rapide d'une ville bien approvisionnée. — Théorie mathématique : formule de M. Darcy. — Exclusion des moyennes. — Variabilité du produit des sources. — Exemple.

Quelle est la quantité d'eau nécessaire à une personne? quelle est la quantité qu'il faut pour l'industrie? La réponse à ces deux questions semble facile; et néanmoins, quelque exacte qu'elle pût être, elle ne résoudrait qu'imparfaitement le problème qui fait l'objet du présent chapitre.

En ce qui concerne les personnes, plus on a de l'eau et plus on en consomme. La possession fait naître des besoins nouveaux. Quand on a satisfait aux nécessités physiques, viennent les jouissances de la propreté, qui est l'élément le plus solide du bien être, de la santé, même de l'élégance de la vie; de la propreté bien comprise, qui ne s'applique pas seulement à l'individu mais encore à tout ce qui l'entoure, qui le sert et qui lui sert. La propreté ainsi entendue constitue en effet la base essentielle de la salubrité générale.

Il en est de même pour l'industrie. L'eau étant un de ses principaux éléments d'action, plus l'eau est abondante et plus l'industrie se développe.

Il suit de là que dans tout pays une large distribution d'eaux publiques sert à la fois à maintenir la santé et à fomenter la prospérité générale.

Quand il s'agit de distribuer de l'eau à une population, il faut donc consulter à la fois les besoins actuels des individus, ceux de l'industrie présente et aussi les besoins d'un prochain avenir, qui ne peuvent manquer de se manifester, plus ou moins promptement, par le fait même de l'usage de l'eau nouvellement distribuée.

Sous le rapport de la quantité, on pourrait donc, à la rigueur, poser comme principe qu'il ne faut pas fixer d'autres limites que celles qui sont imposées par le nombre des habitants et par le volume d'eau que la localité permet de mettre à la portée de leur industrie.

Dans une ville de 60,000 âmes, une commission officielle, instituée pour s'occuper de l'approvisionnement des habitants en eau potable, fit entrer dans ses calculs, comme élément d'une moyenne, les données suivantes, curieuses à reproduire :

1° Sur les bâtiments au long cours, la ration de l'équipage est, par tête, de. . . . . 2 litr. 70

Dans les forteresses, on attribue à chaque homme, pour boire, cuire et laver :

2° Selon Cormontagne. 3 10

3° Selon Hoyer. 5 40

4° Selon François Weiss (faisant observer que Hoyer n'a pas compris dans sa ration l'eau nécessaire pour faire le pain). 6 75

De pareils éléments sont irréprochables sans doute; ils enseignent quelle est la quantité d'eau nécessaire à un homme pour ne pas mourir de soif. Mais ils étaient sans valeur dans la question ; car il n'y a pas la moindre comparaison à faire, entre les besoins d'une population qu'on veut mettre dans une situation normale, et les nécessités auxquelles sont soumis un équipage en pleine mer et des soldats dans une forteresse assiégée.

On a le moyen de se procurer partout l'eau nécessaire à l'entretien de la vie animale. Il suffit d'aménager l'eau de la pluie, au moyen d'une citerne vénitienne.

Dans le chapitre précédent, nous avons démontré combien la chose était facile, en faisant connaître le mode de construction de cette sorte de citerne, et en donnant un tableau des quantités de pluie qui tombent annuellement en divers lieux à la surface du sol.

Au-dessus de la quantité indispensable, il y a cette provision moyenne, dont nous venons de parler, à laquelle la pluie ne saurait suffire. La question est de savoir à quel chiffre il faut fixer cette moyenne.

On a cherché à la déduire de l'expérience : ce qui est très-rationnel, et, à première vue, semble conduire au but directement. Mais on a aussi voulu la déduire du calcul, et en faire l'objet d'une formule algébrique ; c'était de la pure théorie.

Chose singulière ! en cette matière l'expérience de ce qui se passe ailleurs n'amène à aucune conclusion. Nous avons sous les yeux un relevé de vingt-huit distributions dispersées dans autant de villes de la France ou de l'étranger. La quantité attribuée par jour, à chaque habitant, varie, depuis quatorze litres jusqu'à mille, sans que les villes qui en ont le plus se plaignent d'en avoir trop.

Si des villes nous passons à leurs habitants, voici ce que l'on observe. La consommation de l'eau, dans les maisons, est en rapport avec la facilité que l'on a à se la procurer. Ainsi à Glascow, comme à Paisley, en Angleterre, l'eau est donnée à discrétion aux pauvres, qui n'ont qu'à aller la prendre à un robinet placé dans la cour. Mais à Glascow les maisons sont plus hautes qu'à Paisley, elles se composent de plus d'étages ; cette différence de hauteur réduit la consommation d'un grand tiers : Ainsi elle est de 4 litres 50, par tête, à Glascow, tandis qu'à Paisley elle s'élève jusqu'à 6 litres 30.

On ne peut donc rien conclure de l'expérience.

L'administration de la ville de Paris a dû fixer un

chiffre d'évaluation pour les abonnements qu'elle fournit. Elle l'a fait d'une manière empirique et voici les bases qu'elle a pris par jour :

Par personne	20 litres	
— cheval	75	
— voiture de luxe à deux roues	40	
— — quatre roues	75	
— mètre carré de jardin	1	50
— force de cheval, haute pression	1	50
— — détente et condensation	10	
— — basse pression	20	
— bain	300	
— litre de bière faite	4	

Les évaluations, relatives aux autres industries, sont établies, au moyen de renseignements particuliers pris dans les établissements qui demandent à s'abonner.

Voici maintenant les résultats fournis par une enquête relative à l'approvisonnement de Londres. Les commissaires, nommés pour cette enquête, ont estimé de la manière suivante la quantité nécessaire à cette ville.

1° Pour les usages domestiques, à raison de 75 gallons ou 340 litres par jour et par maison, soit pour 288,000 maisons	98,064,000 litres.
2° Pour les bains	4,540,000
3° Pour nettoyage des cours, des trottoirs, des rues et pour l'arrosement de ces dernières	45,400,000
A reporter	148,004,000

Report.	148,004,000
4° Brasseurs et autres grands consommateurs.	18,160,000
5° Incendies et cas imprévus.	15,436,000
Total par jour.	181,600,000

Les 288,000 maisons de Londres étant supposées contenir 2,000,000 d'habitants, la commission affectait donc en moyenne, par jour à chaque habitant 98 litres.

Mais la population de Londres est allée toujours en croissant; si bien que M. Mille, ingénieur des ponts et chaussées, constatait, en 1854, qu'elle s'élevait à 2,400,000 habitants auxquels on distribuait par jour 300,000 mètres cubes, soit, par tête 125 litres.

Le chiffre de 150 litres par tête semble être celui auquel les ingénieurs anglais se sont arrêtés.

La rapidité avec laquelle les centres de population s'accroissent doit mettre les administrations en garde contre toute parcimonie en matière d'eaux publiques. La ville de Glascow offre de cette vérité un exemple bien remarquable. Voici la marche de sa population, de 1780 à 1855, pendant un espace de 75 ans, la durée d'une vie d'homme.

En 1780 il y avait.	58,026	âmes.
1801.	77,385	—
1811.	100,749	—
1821.	147,048	—
1831.	202,426	—
1841.	255,650	—
1855.	396,926	—

Aussi à Glascow a-t-il fallu suivre ce mouvement ascensionnel, en accroissant continuellement la quantité d'eau distribuée; et ce n'a pas été seulement pour les besoins du nombre des habitants et ceux d'une industrie plus développée, mais encore pour satisfaire à des goûts nouveaux que la facilité de se procurer de l'eau a fait naître.

« Glascow, dit en effet M. Mille, avec deux sources d'approvisionnement qui lui assurent déjà 150 litres par habitant, n'en a pas encore assez. L'usage de l'eau y est singulièrement répandu. Dans les maisons aisées, on trouve parfois à chaque étage un *water-closet*, un bain chaud et un shower-bath, espèce de pluie froide qui *produit une réaction salutaire, en raison de l'humidité du climat*. Des logements d'ouvriers valant de 125 fr. à 150 fr. de loyer, ont un robinet de cuisine, un water-closet et un shower-bath, le tout pour 7 à 8 francs de dépense annuelle, 5 0/0 de la valeur locative. »

Pour augmenter la quantité de l'eau distribuée on s'est proposé d'aller, à 50 kilomètres de la ville, emprunter celle du lac Katrin qui ne contient pas moins de 1,000 hectares de superficie. Ce projet avait rencontré de la résistance de la part de l'Amirauté qui avait craint qu'on n'appauvrît les eaux de la navigation du *Forth* dont la source sort du lac Katrin.

C'est M. Darcy, l'auteur du bel établissement hydraulique de Dijon, qui a cherché à établir une formule pour déterminer la quantité d'eau nécessaire à une population.

Voici en quels termes il pose et résout le problème.

« Quel est, dit-il, en France, le volume d'eau nécessaire à l'alimentation d'une ville? » Il adopte pour chiffre 90 litres par tête et par jour, pour les usages domestiques, les arrosements de jardins, les bains, les établissements industriels, les incendies et les fontaines publiques.

« Tel est, à mon sens, ajoute-t-il, le premier terme de l'expression qui représente l'alimentation d'une ville.

« Le second terme est relatif au lavage des ruisseaux par les bornes fontaines et aux arrosements de la voie publique, à l'aide de tonneaux ou de la lance.

« 1° *Bornes fontaines*, on calcule une borne fontaine pour le lavage de 300 mètres de ruisseau.

« A Paris, où ce lavage est d'autant plus difficile à effectuer que la population a plus de densité, chaque borne fontaine doit, pour bien remplir sa fonction, débiter 8 pouces ou 107 litres par minute. Or, comme elles ne marchent, en trois services, que trois heures par jour, on voit qu'elles dépensent 1 pouce dans les 24 heures.

« 2° *Arrosage*. On répand, *en fait*, à Paris, à chaque service, 1 litre 25 par mètre carré.

« Pour deux services, la dépense sera donc, par mètre carré, de 2 litres 50.

« Soit maintenant :

P le nombre des habitants d'une ville ;

L la longueur de ses rues, celle des ruisseaux sera 2L ;

S' la surface des rues ;

V le volume débité dans une minute par chaque borne fontaine ;

t le temps pendant lequel elles coulent, exprimé en minutes'

On aura $\frac{2L}{m}$ pour le nombre des bornes fontaines à établir, en supposant que l'on en place une par chaque longueur *m* de ruisseau exprimée en unités de 100 mètres.

Soit *e* l'épaisseur de la lame d'eau affectée aux arrosages par jour et par mètre carré ;

(A Paris $e = 2$ milli., 50.)

Le volume d'eau nécessaire dans la ville en question serait donc, par habitant,

$$90 \text{ lit.} + \frac{\frac{2L.v.t.}{m}}{P} + \frac{S.e}{P}$$

Appelons maintenant *l* la moyenne de la largeur des rues, l'expression ci-dessus deviendra :

$$90 \text{ lit.} + \frac{L}{P}\left(\frac{2v.t}{m} + l.e\right)$$

« On voit donc que le volume par habitant doit augmenter avec le rapport $\frac{L}{P}$.

Quel est en général ce rapport? se demande M. Darcy : et il trouve que dans les villes de grande population le rapport $\frac{L}{P}$ est en général fractionnaire. Que, dans les villes ordinaires, il s'élève à peu près à l'unité. Qu'enfin il dépasse l'unité dans les petites villes.

M. Darcy applique sa formule à Paris de la manière suivante :

$$\frac{L}{P} = 0,42$$

$l = 9^{m}$, qui est la largeur moyenne des rues de Paris.

De plus, les bornes débitant, ou devant débiter chacune 20,000 litres par jour (10,000 sur chaque versant), on aura :

$$1^{\circ} \quad \frac{2vt}{m} = \frac{2 \times 20,000}{300} = 133 \text{ litres}$$

$$2^{\circ} \quad le = 2^{\text{lit}}\,50 + 9 = 23$$

Total. . . 156 litres.

Or, $\frac{L}{P} = 0,42$; donc, le second terme de l'expression précédemment posée deviendra pour Paris $0,42 \times 156 = 66$ litres.

La fourniture devra donc être par tête et par jour.

90 lit. + 66 lit. = 156 lit., soit 150 litres.

Nous avons dit que cette formule était purement théorique. En effet, si on l'appliquait à la plupart des villes de troisième ordre, qui sont les plus nombreuses, on arriverait à des quantités d'eau exagérées, à cause du grand espace que ces villes occupent, comparé au petit nombre de leurs habitants respectifs.

Dans les évaluations de la quantité d'eau à distribuer, il ne faut point admettre de moyennes. Il faut un débit constant qui fournisse, en tout temps, le minimum exigé pour un bon service. Les saisons apportent une grande variabilité dans les consommations journalières. Les sécheresses et les grandes chaleurs exigent quelquefois une dépense d'eau trois fois plus grande que l'hiver et les jours de pluie.

On comprend à quelles erreurs on serait exposé si les moyens de distribution journalière étaient établis sur la totalité qui se consomme dans une année. 100 mètres cubes pendant six mois, 300 mètres cubes pendant les six autres mois : total 400 mètres cubes, dont la moyenne est 200. Le calcul est très-juste en considérant la dépense annuelle : mais il est trompeur, si l'on envisage les nécessités de chaque jour

Si la distribution est basée sur la puissance d'une machine élévatoire, il faut que cette machine soit douée d'une force toujours prête à élever 300 mètres à un jour donné.

De même, si vous avez recours à une source, il faut que le mininum du produit de cette source, c'est-à-dire son débit dans les temps de plus grande sécheresse soit suffisant pour satisfaire au maximum de votre consommation journalière.

Nous extrayons d'un tableau, consigné par M. Dupuit, dans son *Traité de la conduite des eaux*, les chiffres suivants indiquant le débit *minimum*, pendant 15 ans, de trois sources qui contribuent à l'alimentation de Paris, et qui sont :

	Acqueduc d'Arcueil	Belleville	Prés St-Gervais.
Année 1852. .	32 pouces (1).	7 pouces. .	9 pouces.
1851. .	47.	10.	8
1850. .	53.	14.	16
1849. .	46.	12.	13
1848. .	65.	15.	13
1847. .	69.	18.	20
1846. .	89.	15.	19
1845. .	103.	20.	21
1844. .	68.	14.	15
1843. .	61.	10.	10
1842. .	62.	5.	6
1841. .	90.	8.	7
1840. .	95.	9.	10
1839. .	78.	16.	15
1838. .	57.	10.	8

Pendant la même période de temps, le maximum de certaines années s'est élevé pour Arcueil à 322, pour Belleville à 120, et pour les Prés Saint-Gervais à 150 pouces.

(1) Le pouce d'eau représente 20 mètres cubes.

CHAPITRE XIII

DES PRISES D'EAU.

Prises d'eau *de fond :* leurs conditions. — Éviter les embouchures des égoûts. — Plonger dans le thalweg. — Exemples à Paris et à Vienne. — Prises d'eau du Leopoldstadt, de Neuilly et de Saint-Ouen. — Lieu d'élection. — Choix de l'eau destinée aux analyses. — Prises d'eau *de superficie :* leur principal avantage. — Vitesse du courant nécessaire à la conservation de l'eau. — La *Seriola* de Venise.

Il y a des prises d'eau de fond et des prises d'eau de superficie.

Les prises d'eau de fond ont lieu par aspiration ; il faut leur imprimer une pression artificielle à l'aide d'un moteur hydraulique ou de la vapeur d'eau, quelquefois à l'aide du vent. On peut les établir partout, en amont et en aval, et même au centre de la localité à desservir. Mais tous les endroits ne sont pas pour cela indifférents : il y a toujours un lieu d'élection, et, partout, certaines précautions locales à prendre.

Supposons une rivière traversant un centre de population, et, par le volume constant de ses eaux, — et quand on dit volume constant, il faut entendre le moindre volume que cette rivière peut fournir et a toujours fourni, même dans les temps de plus grande sécheresse, — pouvant servir de base à un service régulier et sans interruption pendant les 365 jours de l'année. Pour établir une prise d'eau dans une pareille rivière, il y a deux points importants à considérer. Il faut d'abord éviter les endroits voisins des égouts. Il faut ensuite choisir l'endroit du lit où passe le véritable courant.

Relativement aux égouts, nous avons dit (chapitre premier, § 4) quelle était leur véritable influence sur la masse d'eau roulée par le courant. Mais on doit comprendre qu'une prise d'eau, établie au-dessous du confluent d'un égout ou à une distance relativement trop courte, est exposée à aspirer en plus grande quantité que les eaux de la rivière les liquides amenés par l'égout. Alors il arrive ce que nous avons eu l'occasion d'observer dans deux circonstances mémorables.

En 1840, on fit à Vienne, en Autriche, une prise d'eau dans le Danube, pour alimenter un établissement hydraulique fondé en prévision d'une distribution d'eau dans le faubourg Léopoldstadt. Contre notre opinion, cette prise d'eau consista en un simple canal d'amenée qui s'ouvrait dans le fleuve, à peu de distance d'un égout. Dans les eaux moyennes, l'influence de l'égout ne se fit sentir en aucune manière.

Après plusieurs années, le Danube gela ; la prise d'eau s'alimenta comme en basses eaux et les plaintes arrivèrent de toutes parts. M. le comte de Flahaut était alors ambassadeur à Vienne ; ses chevaux avaient eu des coliques qu'il attribuait aux eaux du Léopoldstadt; et en cela il avait d'autant plus raison que l'égout jetait assez fréquemment dans le fleuve les eaux sales d'une teinturerie située dans les environs.

Les distributions d'eau qui alimentaient naguère les communes des environs de Paris, dont la plupart sont maintenant annexées à la capitale, ont été fondées par diverses compagnies particulières. Dans les systèmes variés adoptés par les ingénieurs, on n'a pas toujours tenu compte de la nécessité d'éloigner la prise d'eau des endroits du fleuve exposés à la contamination.

Ainsi la pompe à feu de Neuilly avait, dans le principe, sa prise d'eau située dans un bras assez étroit du fleuve, et de plus dominée par un bateau de blanchisseuses. Le directeur de la compagnie générale des eaux de Paris s'était aperçu que, dans les basses eaux de la Seine, les abonnés avaient à se plaindre de la qualité des eaux distribuées.

Il n'y avait à cela rien d'étonnant : mais le mal ne provenait pas comme il le croyait, de ce que Neuilly était situé en aval et non en amont de Paris; il provenait de ce que, dans les basses eaux, la proportion des saletés rejetées par le bateau des blanchisseuses était plus considérable que dans les eaux moyennes et devenait sensible jusque dans les eaux de la distribution.

A la pompe à feu de Saint-Ouen qui alimentait la ville de Montmartre, l'état des choses était analogue, la prise d'eau avait été établie à quatre pas de la berge. Il y avait ici deux éléments énergiques de contamination. Il y avait des égouts qui étaient supérieurs à la prise, qui la dominaient à quelques mètres de distance seulement. Ces égouts amenaient les eaux sales des blanchisseurs de Clichy et les résidus de trois ou quatre grandes usines. Plus tard il y eut l'embouchure du grand égout collecteur, destiné à rejeter en masse à Asnières le produit général de tous les égouts de Paris. Quoiqu'à un kilomètre de distance, l'influence du collecteur devait être manifeste par la grande quantité de matières amenées sur un même point, et aussi par une circonstance tout à fait locale. La prise d'eau de Saint-Ouen très-peu avancée en rivière se trouvait justement au-dessous du confluent des deux bras qui enferment l'*Ile des Ravageurs ;* or, par le fait de la direction de son cours, le bras gauche s'inclinant sur le droit refoule et retient sur la berge correspondante tout ce qui arrive au fleuve de ce côté là.

Ces vices ayant été reconnus on y a porté remède en allant planter les prises d'eau vers la rive gauche.

On doit donc éloigner les prises d'eau faites dans une rivière, de toute embouchure susceptible d'amener des élémens de contamination; et l'on doit aussi empêcher qu'on organise en amont, dans le courant, des établissements industriels capables de produire des effets analogues.

Le lieu d'élection doit être déterminé encore par une autre considération. Il faut faire la prise d'eau dans l'endroit du lit où passe le véritable courant, cet endroit est toujours le thalweg.

Quelquefois un obstacle jette les eaux d'une rive à l'autre ; le thalweg vient faire un coude sur le bord. Il est bien clair que, si un égout débouche dans ce coude, il faut chercher un autre endroit pour y implanter la prise d'eau. On ne doit pas hésiter, quelle que soit la dépense ; il faut remonter le courant, et, au besoin, traverser le fleuve pour aller plonger au bon endroit.

Le thalweg étant le point du lit le plus déclive est aussi le point le plus profond du courant. L'eau qu'on y puise est toujours la moyenne de celles qui sont entrées dans le lit par les deux rives, depuis la source qui a donné naissance au cours d'eau, jusqu'au point où l'on veut s'établir. Cette moyenne étant précieuse à connaître, quand on prend un cours d'eau pour base d'une distribution, c'est dans le thalweg qu'il faut puiser la matière des analyses ; et il faut choisir pour cela à la fois le temps de plus grande sécheresse et celui des plus grosses eaux. Des analyses exactes, faites avec de l'eau puisée dans ces circonstances extrêmes, donnent la moyenne de la composition de l'eau pendant toute l'année ; elles font connaitre les substances prédominantes dans la boisson commune. Cette connaissance, d'un grand secours pour l'étiologie des maladies particulières au pays, met aussi sur la voie des conseils à donner à l'autorité, pour que, par des règlements fondés sur l'hygiène locale bien entendue, la salubrité publique soit sauvegardée et garantie en tout temps.

Les prises d'eau de superficie sont toujours établies en amont du point qu'il s'agit d'alimenter. Elles ont un avantage, quelquefois très-considérable, au point de vue économique, mais pas toujours aussi grand qu'on pourrait le croire au premier abord, comme nous l'expliquerons plus loin.

Cet avantage résulte de la pression naturelle qu'elles fournissent. Avec ces prises d'eau, on n'a pas besoin de moyens artificiels d'élévation; on dessert par la pente naturelle, convenablement ménagée, tous les points inférieurs au point de départ. Et, s'il y a lieu à traverser une vallée, on atteint aussi du côté opposé à un niveau égal à celui du départ, diminué de la perte de pression que le frottement fait éprouver au liquide dans les tuyaux qui le conduisent; car, dans ce cas, pour traverser la vallée, il faut enfermer l'eau et la pousser, dans des tuyaux en syphon renversé, du lieu de départ au lieu d'arrivée. Ce sont là, au reste, des détails qui regardent exclusivement l'ingénieur, nous n'avons pas à nous en occuper : nos considérations doivent se borner au point de vue purement hygiénique.

L'eau extraite de superficie est conduite dans un canal que l'on transforme quelquefois en un aqueduc fermé. Cela a lieu surtout quand il faut traverser des contrées accidentées, passer d'une vallée à une autre. La construction de pareils ouvrages a donné lieu chez les anciens à de beaux monuments, rendus nécessaires par l'ignorance où ils étaient des lois de l'hydraulique et par leur peu d'habileté à travailler les métaux. Tels sont le pont du Gard et ces nombreux aqueducs, dont les ruines rendent si pittoresque la campagne romaine.

L'eau dérivée et conduite à ciel ouvert doit être maintenue dans certaines conditions, pour que les caractères qui l'ont fait choisir ne soient point altérés. La nécessité de conserver la pression d'origine, ou la hauteur de chute au point d'arrivée, a pour effet de ralentir la vitesse du courant. Mais, quand l'eau coule avec trop de lenteur, elle s'altère, la fermentation finit par s'y s'établir. Il y a donc une limite à ce ralentissement de sa marche. L'expérience a démontré que l'eau ne s'altère point dans les canaux où elle coule avec une vitesse de 35 centimètres par seconde.

La *Seriola* que nous avons déjà mentionnée offre un exemple remarquable de ce fait. C'est un petit canal de dérivation, conduisant les eaux de la Brenta, du Dolo, bourg situé à moitié chemin de Venise à

Padoue, aux *portesine* de Fusine, sur les bords de la lagune. L'eau arrive là avec une hauteur de chute suffisante pour qu'à marée haute les barques puissent la recevoir et se remplir d'elles-mêmes. Du Dolo à Fusine il n'y a pas moins de quatorze kilomètres. La vitesse du courant ne dépasse pas 35 centimètres par seconde : l'eau coule à l'air libre, elle est soumise à toutes les influences de l'atmosphère, elle subit tous les changements de température. Elle coule sous le contact des chauds rayons du soleil d'Italie ; et elle ne se gâte nullement. Après l'eau du ciel, il n'en est pas de meilleure pour alimenter les citernes de Venise. Si on la compare à l'eau de la Seine avant sa jonction avec la Marne on trouve que l'eau de la Seine contient 0,1785 de matières fixes (voyez ci-dessus page 137) tandis que l'eau de la *Seriola* n'en fournit que 0,1580 (voyez page 142).

La prise d'eau qui constitue la *Seriola* résulte d'une ouverture en maçonnerie pratiquée en amont du pont du Dolo et près de la culée gauche qu'elle traverse. On y lit gravés dans la pierre, ces trois mots : HINC URBIS POTUS.

L'eau de la Brenta s'échappant par cette ouverture est reçue dans un canal de deux mètres de large environ, creusé en 1610 ; ce canal s'alimente inférieurement par une seconde prise faite aux environs de la Mira.

A l'autre extrémité à l'embouchure de la *Seriola*, aux

Moranzani, on lit une seconde inscription lapidaire, portant la date de 1662, qui indique le prix à payer par ceux qui allaient remplir leurs barques. Les individus qui prenaient l'eau furtivement étaient condamnés à une amende assez forte, dont la moitié était employée au curage des lagunes, et l'autre moitié servait de prime au dénonciateur. La république mettait en quelque sorte sur la même ligne, le vol d'un peu d'eau douce et les crimes d'État.

CHAPITRE XIV

DE LA CLARIFICATION DES EAUX PUBLIQUES

Qu'est-ce que la limpidité. — Clarification par le repos. — Imitation des sources. — Exemples divers. — Matières filtrantes. — Erreur de l'Académie de médecine à ce sujet. — Galeries filtrantes. — Théorie de leur action. — Filtres de Toulouse, etc. — Le domaine des choses impossibles. — Principe de la division. — Solution du problème.

Une eau est limpide lorsque les molécules dont elle se compose sont parfaitement dissoutes, et que les rayons lumineux peuvent traverser sa masse sans altération visible. Quand on fait fondre un morceau de sucre dans un verre d'eau claire, cette addition d'une substance soluble n'altère point la transparence du verre d'eau. Si, au lieu de sucre, vous mettez une autre substance soluble, comme du sulfate de soude ou du sel marin, l'eau n'en paraîtra pas moins limpide; et pourtant il y aura une grande différence entre l'eau pure et l'eau sucrée ou salée. L'absence de limpidité dans l'eau tient uniquement à ce que des matières plus ou moins légères sont mêlées à ses molécules, et y restent suspendues par l'agitation. Et comme le repos suffit pour que ces matières se déposent et que l'eau devienne limpide, il résulte de là que le défaut de limpidité d'une eau n'a aucun rapport intime avec sa composition élémentaire ou sa pureté chimique.

Le repos suffit pour rendre à l'eau sa limpidité, mais un repos qui, selon les circonstances, doit être plus ou moins prolongé. Il ne faudrait pas moins de dix jours d'une immobilité absolue dans un réservoir pour rendre limpides les eaux de la Seine et de la Garonne. Il faut quinze jours pour l'eau de la Loire ; dans les crues il faudrait encore plus longtemps. Cet état de repos prolongé n'est pas sans inconvénient. L'eau est dormante, et tous les caractères des eaux dormantes s'y développent à la longue, et dans la saison chaude assez promptement. C'est de la végétation, ce sont des insectes, des reptiles même, qui y vivent et y meurent, et donnent au liquide une odeur et un goût de marécage.

Le repos n'est donc pas un moyen applicable, et si, dans les grands établissements, en Angleterre et en France, on fait usage de bassins de dépôt, c'est seulement pour débarrasser l'eau de ce qu'elle renferme de plus lourd et de plus grossier. Les grosses matières, en effet, se précipitent assez vite, il n'en est pas de même des plus fines ; celles-ci descendent avec une lenteur qui est toujours en rapport avec leur excessive ténuité.

Ainsi l'eau qui ne demeure pas un temps suffisant dans les réservoirs de dépôt en sort blanche et laiteuse. Dans les meilleures conditions qu'on puisse obtenir de ce moyen, elle reste opaline ; et si on la laisse dans l'immobilité jusqu'à ce qu'elle soit complétement limpide, elle y acquiert des propriétés désagréables et même nuisibles.

En présence de cette difficulté, on a pensé qu'en imitant les sources naturelles, c'est-à-dire en faisant passer l'eau à travers des couches de gravier et de sable plus ou moins fin, on obtiendrait cette limpidité qui se remarque dans les eaux qui sourdent des terrains sableux. Cette idée a été appliquée en grand dans plusieurs établissements d'Angleterre, et notamment à Chelsea, à Southwark, à Thames-Ditton, où, des réservoirs de dépôt, l'eau vient se répandre sur des surfaces filtrantes d'une étendue assez considérable. Là elle passe à travers des couches superposées de sable fin de mer, de sable et de gravier, de coquille de mer, et enfin de gros sable ; le tout posé sur un lit d'argile qui n'a pas moins de 60 centimètres d'épaisseur. Le filtre de Chelsea, ainsi composé, a 75 mètres de long sur 55 de large.

Il convient ici de faire observer deux points. Les frais de construction sont très-considérables et les frais de manutention ne le sont pas moins, car il faut nettoyer ces filtres tous les dix jours. C'est ce qui fait que, dans une enquête parlementaire ayant pour objet l'approvisionnement de Londres, plusieurs compagnies répondirent que, si on les obligeait à filtrer l'eau de la Tamise, leur prix de vente devrait inévitablement s'accroître de 15 pour 100.

Le second point qui doit fixer l'attention, c'est précisément la cause qui nécessite un si fréquent et si dispendieux nettoyage. L'eau sort du filtre dans un état de limpidité de plus en plus complète. Quand le filtre vient d'être nettoyé, il débite beaucoup et la transparence de l'eau est satisfaisante. A mesure qu'il fonctionne, la limpidité augmente, mais le débit diminue, et l'eau montre une apparence cristalline parfaite quand l'appareil est devenu insuffisant et que le nettoyage est indispensable. Un pareil procédé a donc des bornes, il est nécessairement limité dans ses effets, et il ne résout pas la question du filtrage en grand d'une manière complète.

Le filtre de Chelsea et ses analogues ne fonctionnent qu'avec la pression naturelle, la pression d'une atmosphère augmentée de 2 mètres 50 centimètres environ, qui résulte de la différence de niveau entre leur surface et celle de l'eau dans le réservoir de dépôt ou bassin d'alimentation ; et, dans ces conditions, ils ne donnent pas en moyenne 8 mètres cubes d'eau par mètre carré en 24 heures. Cette difficulté fit naître dans quelques esprits l'idée de recourir à la pression artificielle. La quantité devait être augmentée et le fut réellement dans un temps donné ; mais, le filtre s'engorgeant avec une promptitude relative, on le nettoyait en faisant agir la pression en sens inverse. Il existe sur cette invention un rapport de M. Arago à l'Académie des sciences: ce rapport eut une influence positive sur le parti que prit la Ville de Paris, de filtrer l'eau de quelques-unes de ses fontaines publiques. La Ville aurait dû s'y tenir : les filtres à pression, garnis de sable, donnaient une eau satisfaisante en tout temps, et certainement, avec l'habitude des fontaines en pierre ou en grès, que l'on a dans toutes les maisons, c'était un grand service rendu à la population que de lui livrer cette eau sans augmentation de prix. Mais dans les grandes crues l'eau était opaline; la Ville voulut avoir mieux, et, comme c'est l'ordinaire, le mieux devint l'ennemi du bien.

Les inventeurs de filtres à pression ajoutèrent au sable une couche d'éponges bien serrées, tandis qu'un autre inventeur imagina d'employer la tondaille de laine, de la laine tontisse.

On ne s'explique pas comment il a pu se faire qu'on ait méconnu à ce point les principes, ou qu'on les ait ignorés. On établit au haut de la pompe Notre-Dame un appareil de filtrage fonctionnant avec de la laine tontisse, et l'Académie de médecine approuva le procédé à la suite d'une discussion dans laquelle le principe qui régit la matière ne fut pas même mentionné.

En présence de cette approbation, que pouvait faire l'édilité, à qui appartient en cette matière la tutelle de la santé publique? L'édilité consentit à l'application de la laine tontisse au filtrage des fontaines publiques; et, depuis cette époque, la partie de la population qui s'alimente à certaines fontaines de la ville boit de l'eau filtrée avec de la laine.

Dans tout système de filtrage, la nature particulière de la matière filtrante est la condition essentielle et dominante. La matière filtrante doit être inerte, neutre, elle ne doit agir que mécaniquement sur les matières en suspension dans les liquides à filtrer.

Voilà le principe : l'Académie de médecine ne devait pas l'ignorer. Outre qu'il résulte de la nature des choses, l'Académie des sciences l'avait proclamé quatre ans auparavant, en 1837, par l'organe d'une commission. « L'*eau*, disait M. Arago, rapporteur, *comme la femme de César, doit être à l'abri du soupçon.* » Il citait ce mot d'un ingénieur anglais qui avait une longue habitude de ces questions d'*eaux publiques*, et il ajoutait : «Voilà, sous une forme peut-être singulière, mais vraie, la condamnation définitive de tout moyen de clarification qui introduira dans l'eau de rivière quelque nouvelle substance dont elle était chimiquement dépourvue; voilà pourquoi les tentatives les plus récentes des ingénieurs se sont dirigées vers l'emploi de matières inertes, ou qui du moins ne peuvent rien céder à l'eau. Ces matières sont du gravier plus ou moins gros, du sable plus ou moins fin, et du charbon pilé. »

La laine n'est pas une substance inerte, les éponges non plus. La laine surtout se pénètre avec la plus grande facilité de tous les miasmes; c'est par la laine qu'on importe la peste d'un lieu dans un autre. Il était permis d'ignorer (1) que l'eau filtrée par la laine présente au microscope une quantité de filaments déliés qui ne sont autre chose que des débris excessivement ténus de tondaille. On peut ignorer ce fait d'observation, qui exige l'habitude d'un instrument d'optique dont tout le monde ne peut pas se servir; mais ce qui est impardonnable, c'est de n'avoir pas fait cette observation que la laine, en sa qualité de matière animale, est, dans la circonstance, insalubre au plus haut degré, et conséquemment impropre à l'épuration des eaux destinées aux besoins des citoyens.

Avant d'aller plus loin, disons un mot du charbon. On a proposé le charbon, on s'est fondé sur la propriété que ce corps possède d'absorber les gaz, et l'on a pensé qu'il devait convenir surtout pour clarifier les eaux qui contiennent des substances fermentescibles, et qui développent des produits gazeux.

Il ne faut pas confondre les propriétés absorbantes du charbon avec sa propriété décolorante.

Les propriétés absorbantes ont été surtout étudiées

(1) MM. Émery et Boutron firent pourtant observer dans la discussion que l'eau obtenue par ce procédé contenait des morceaux de laine entraînés pendant le cours de l'opération.

(*Bulletin de l'Académie de médec.*, tome VI, page 446.)

par M. Théodore de Saussure. On peut réduire aux points suivants les résultats obtenus par ses expériences, et que la science a adoptés :

1° Une mesure de charbon peut absorber :

En gaz ammoniac.	90	mesures.
En gaz acide hydrochlorique. . . .	85	*id.*
En gaz acide sulfureux..	65	*id.*
En gaz acide hydrosulfurique. . . .	55	*id.*
En gaz protoxyde d'azote.	40	*id.*
En gaz acide carbonique.	35	*id.*
En gaz hydrogène percarboné.. . .	35	*id.*
En gaz oxyde de carbone.	19,42	*id.*
En gaz oxygène.	9,25	*id.*
En gaz azote.	7,50	*id.*
En gaz hydrogène.	1,75	*id.*

Les expériences qui donnent ces chiffres ont été faites à la température de 11° à 13° centigrades et sous la pression de 0 mètre 724. Le charbon était fait avec du bois; on le rendait incandescent, on l'éteignait sous le mercure pour le refroidir, et on l'introduisait dans une cloche pleine de gaz, et posée sur le mercure.

2° Le charbon *humide* absorbe moins de gaz et il l'absorbe plus lentement que le charbon sec.

3° Lorsqu'on met sous la cloche remplie de gaz un charbon imprégné d'un autre gaz, le gaz de la cloche pénètre dans le charbon et en expulse une partie de celui qui y était contenu antérieurement.

4° L'air atmosphérique est absorbé par le charbon à la température ordinaire; il cède en outre une partie de son oxygène au charbon, et il y a dégagement de calorique et formation d'acide carbonique. L'inflammation spontanée des charbonnières, qui a lieu quelquefois auprès de l'eau, reconnaît pour cause principale l'absorption de l'air et celle de l'humidité que cet air contient.

Il faut ici remarquer deux choses. Pour qu'il exerce en pleine liberté ses propriétés absorbantes, le charbon doit être sec. S'il est déjà pénétré d'un gaz, il ne peut en absorber un autre qu'imparfaitement. Ensuite, le charbon doit être récemment étouffé avant son emploi, puisque, s'il reste exposé à l'air pendant un espace de temps, même très-court, il est susceptible de s'en saturer, comme il se sature des autres gaz.

Que conclure de là, relativement au filtrage? Le voici. Quand il s'agit de grandes masses d'eau le charbon est tout à fait impuissant, car une fois saturé par les gaz des premières eaux qui sont amenées à son contact, il n'a plus d'action sur les autres, ou s'il a de l'action sur les gaz qui suivent, ce n'est qu'en restituant à l'eau une portion de ceux qu'il retient déjà, et que l'eau reprend avec elle.

A la vérité, comme l'eau ne dissout point le charbon, il pourra retenir les matières qui la troublent, et la livrer clarifiée, comme le sable. Mais sous ce rapport, le charbon sera toujours dans une condition inférieure; car il se brise facilement, ses molécules se désagrégent, il se délite en quelque sorte; tandis que les molécules de sable bien lavé conservent parfaitement leur cohésion.

Indépendamment du principe relatif à la nature de la matière filtrante, principe qu'il suffit d'énoncer pour en faire voir l'importance, il faut reconnaître que la question du filtrage en grand constitue un des problèmes comme il s'en présente à chaque instant, dans l'histoire des luttes que l'homme entreprend avec la nature. A la manière dont on l'a posé, le problème est réellement insoluble. Ce qui nous reste à dire mettra en évidence cette assertion.

On a vu dans quelles limites étroites était renfermée l'action des grands filtres d'Angleterre. D'autres procédés inspirés par des dispositions particulières de terrain ont été mis en usage, et ont donné des résultats qu'on peut dire satisfaisants pour le présent. Nous voulons parler des *filtres naturels* et des *galeries filtrantes,* comme on en a construit à Toulouse, à Vienne et à Lyon, et comme on en avait essayé à Glascow, à Liverpool et à Greenock, avec des succès divers.

Le principe qui a présidé à l'exécution de ces établissements, c'est l'imitation des sources naturelles, dont certaines coulent uniformément, sans interruption et donnent toujours de l'eau claire. Mais l'imitation est forcément incomplète. Dans ces sources naturelles qui sont le résultat des infiltrations lentes de l'eau de pluie, la clarification s'opère dans des bancs de sable très-étendus et qui occupent quelquefois des provinces entières. Dans les sources artificielles, la surface filtrante a toujours une étendue bornée et son produit est en relation avec la circonscription de ses limites. L'ingénieur Thom de Greenock, qu'on peut citer comme l'un des praticiens les plus habiles et les plus expérimentés en cette matière, a exposé avec une clarté parfaite ce qui se passe dans ce cas :

« Supposons, dit-il, un puits creusé dans un banc de sable ou de gravier environné de terrains qui le dominent, terrains qui fournissent une certaine quantité d'eau dans ce banc de sable et de là dans le puits ; si, en filtrant à travers une grande étendue de ces terrains supérieurs, l'eau est devenue parfaitement limpide avant d'arriver au banc de sable, il est évident que, dans cette supposition, dans tout le rayon où gît le banc de sable, l'eau qui le parcourra aura un écoulement uniforme et donnera un produit constant, puisque, parfaitement pure avant de pénétrer dans le banc de sable, elle n'y peut déposer aucun sédiment qui occasionne avec le temps des obstructions. Mais supposons qu'elle soit trouble avant qu'elle entre dans le banc de sable ; la source ou l'écoulement de l'eau dans le puits diminuera graduellement alors : car l'eau qui passe à travers le banc de sable ne peut se clarifier qu'en s'y dépouillant de ses impuretés, et celles-ci doivent avec le temps, boucher les interstices qui existent entre les particules de sable et rendre à la fin tout le banc imperméable à l'eau. Le même résultat aura lieu, que le banc de sable soit naturel ou artificiel. » (Lettre de Robert Thom à sir Shaw Stewart, *Annales des Ponts et Chaussées*, 1831. Ier semestre, p, 222.)

A Toulouse on a profité de la présence d'un banc de sable et de gravier qui longe la Garonne et qui est le résultat d'un léger déplacement du lit de cette rivière, déplacement qui remonte à un peu plus d'un demi-siècle. Dans ce banc d'alluvion, on a ouvert, successivement trois fossés. L'eau de la Garonne s'infiltre dans le sol, et le résultat de cette infiltration vient se réunir au fond des trois fossés, qui l'amènent sous la bâche de la machine hydraulique. La quantité d'eau obtenue ainsi est suffisante jusqu'à présent. Quant à sa qualité, voici comment s'exprime M. d'Aubuisson des Voisins, l'habile créateur de l'œuvre : « L'eau, dit-il, en est parfaitement bonne et limpide tant que la Garonne demeure dans son lit; mais dans les crues, lorsqu'elle déborde et qu'elle recouvre le terrain sous lequel sont les excavations, les eaux en sortent un peu louches.

« En temps ordinaire, le seul reproche qu'on puisse faire à ces filtres, c'est de n'être pas entièrement exempts dans leur intérieur d'une végétation souterraine. Les brins de bissus qui s'en détachent sont souvent portés par les eaux jusqu'à la cuvette du château d'eau, où il faut employer des toiles métalliques pour les retenir.

« Mais si, par malheur, ajoute M. d'Aubuisson, ce

banc de sable (dans lequel les filtres sont creusés) nous était enlevé, si les petits canaux afférents contenus dans cette masse sablonneuse, et qui, en retenant les matières terreuses, cause de la saleté de l'eau, la livrent entièrement pure, venaient à s'obstruer, alors nous aurions recours à une clarification artificielle. » (*Histoire de l'établissement des fontaines à Toulouse*, par M. d'Aubuisson des Voisins. Paris, 1839.)

Ainsi l'eau de Toulouse n'est pas irréprochable. Quant à sa qualité, elle est altérée par un goût de vase (expression de M. d'Aubuisson) et par des débris végétaux tachés de rouille (page 28). Sous le rapport de la quantité ; il est vrai, depuis le temps que les tranchées fonctionnent, on ne s'est pas aperçu qu'il y ait eu une diminution notable dans leur produit. Mais cela tient évidemment : d'abord, à ce que quand, pour une population de 50,000 âmes, on se ménage une provision quintuple des vrais besoins, c'est-à-dire 250 pouces, en comptant 1 pouce pour 1,000 âmes, il faut longtemps pour atteindre la limite de nécessité première, au delà de laquelle seulement il y a souffrance et, par conséquent, signal certain de diminution. Ensuite, un jaugeage rigoureux pourrait seul donner la véritable mesure de l'encrassement des matières filtrantes et de l'engorgement des tuyaux capillaires. En réalité, les produits ont diminué plus qu'on ne pense, cela est évident; car, comme on l'a très-bien remarqué, la condition de l'eau est améliorée, elle es plus limpide maintenant que dans le principe. Or, en fait de filtrage, tous les praticiens le savent, cette amélioration dans la qualité du produit ne peut s'obtenir qu'aux dépens de sa quantité, puisqu'elle est due uniquement à la diminution du calibre des tuyaux capillaires filtrants. Cette circonstance, dont on se félicite, n'est pas aussi avantageuse qu'elle semble au premier abord, puisqu'en définitive elle indique, pour un temps plus ou moins rapproché, la nécessité d'aviser aux moyens de rétablir un équilibre qui ira toujours en s'affaiblissant jusqu'à ce qu'il soit complétement anéanti.

Au surplus, il est évident qu'on ne pouvait tirer un parti plus avantageux des ressources fournies par la localité, et du dépôt précieux de sable et de gravier que la Garonne avait si heureusement mis ainsi à la disposition des ingénieurs de Toulouse, et il faut féliciter M. d'Aubuisson de l'heureux emploi qu'il en a su faire.

L'établissement de Lyon est dans les mêmes conditions que celui de Toulouse, et leur histoire sera la même ; si ce n'est que, l'eau du Rhône étant plus trouble que celle de la Garonne, l'obstruction des galeries filtrantes, s'opérant plus promptement, exigera leur prolongement, dans un temps plus prochain, ou leur remplacement par d'autres moyens.

Or les eaux du Rhône sont régulièrement troubles pendant six mois de l'année, par le fait des eaux de l'Arve, qui se précipitent des flancs du mont Blanc pendant les grandes chaleurs. Des expériences faites pendant les crues démontrent que la quantité des matières troublantes qu'elles contiennent par litre d'eau, n'est pas moindre de huit centièmes, 80 grammes par 1,000 grammes.

De tout ceci nous ne voulons tirer qu'une seule conclusion : c'est que le problème du *filtrage en grand des eaux publiques* est réellement insoluble, et qu'ainsi posée la clarification de l'eau doit être rangée dans le domaine des choses impossibles. Comme tout est réglé dans la nature et que chaque chose y existe avec ses conditions ; que la puissance de l'homme est limitée, il en résulte que ce domaine des choses impossibles est plus grand qu'on ne pense, et qu'il ne comprend pas seulement le *mouvement perpétuel,* la *quadrature du cercle,* et les *projets de langue universelle.* C'est faute de savoir reconnaître les limites de ce domaine, que tant d'esprits, tant de savants même, font fausse route, qu'ils s'obstinent de bonne foi dans des recherches qui tendent à franchir ces limites, et qu'ils courent ainsi à la poursuite de la femme en queue de poisson, *formosa supernè.*

Il faut renverser les données du problème. Au lieu de s'acharner en vain à filtrer l'eau en grand ; comme, en définitive, il faut la distribuer en détail, en attaquant la difficulté, il faut la diviser, et l'on sera sûr de la vaincre.

C'est la fable du Vieillard et de ses enfants :

« Voyez si vous romprez ces dards liés ensemble
« . . . .
« . . . . le faisceau résista ;
« De ces dards joints ensemble un seul ne s'éclata.
« Faibles gens, dit le père, il faut que je vous montre
« Ce que ma force peut en semblable rencontre.
« On crut qu'il se moquait ; on sourit, mais à tort :
« Il sépare les dards et les rompt sans effort. »

C'est d'ailleurs ainsi que chacun agit, et dans Paris il n'y a pas de ménage, pauvre ou riche, qui, en aucun temps, boive l'eau telle que le fleuve la donne.

Mais on comprend qu'il serait plus avantageux pour tout le monde qu'il y eût dans chaque maison, à la disposition de tous les locataires sans exception, comme à Glascow et à Paisley, un robinet d'eau claire qui n'eût pas besoin, pour couler, de l'office du porteur d'eau.

Or rien n'est moins difficile et plus praticable :

Un filtre à pression, toujours en charge, mais qui ne fonctionne pas d'une manière continue, dont on ne retire l'eau qu'au fur et à mesure des besoins et par intervalle, un pareil filtre fait aussi l'office d'un réservoir de dépôt pendant les heures où il est inactif, et le liquide y devient facilement cristallin. L'eau en sort avec une limpidité aussi grande que celle que l'on a l'habitude d'attribuer à l'eau de roche.

Dans des filtres ainsi disposés, et pour un usage intermittent, la matière filtrante n'a pas besoin, pour remplir son office, du concours préalable des éponges; on peut rester fidèle au principe dans toute sa rigueur, et n'admettre dans la composition de la chambre filtrante que des substances parfaitement inertes.

Telle est la vraie et telle est aussi la seule manière de résoudre complétement et économiquement le problème de la clarification des *eaux publiques*.

CHAPITRE XV

DE LA TOUR HYDRAULIQUE OU CHATEAU D'EAU ET DES RÉSERVOIRS

Objet principal de la tour hydraulique. — Réservoir d'air. — Tour et aqueduc de Marly. Anecdote : Perrault, Huyghens, Colbert, M. de Prony. — Des réservoirs.

Dans le chapitre XIII, nous avons fait connaître les conditions hygiéniques qui doivent présider à l'établissement des prises d'eau soit de superficie, soit de fond. Sans vouloir usurper le rôle de l'ingénieur, nous reviendrons sur la manière dont elles agissent; nous avons besoin d'entrer dans ce détail, afin de donner une idée des fonctions des tours hydrauliques ou châteaux d'eau, qui ont été autrefois fort en usage, mais qu'on tend à abandonner aujourd'hui, comme étant trop dispendieux.

Dans toute distribution d'*eaux publiques*, il y a un réseau de conduites d'une certaine longueur et de diamètres divers. L'eau circule dans ce réseau en vertu d'une force qu'on a désignée sous le nom de pression et qui la pousse jusqu'aux orifices de puisage.

Dans les prises d'eau de superficie la pression est naturelle; c'est-à-dire que le liquide parcourt toutes les ramifications de la distribution en obéissant à son propre poids. Si le liquide rencontre un obstacle, il s'arrête, et, reculant de proche en proche, il vient dégorger en arrière, en remontant jusqu'à son point de départ où il déborde.

Pour les prises d'eau de fond, il faut un mécanisme composé d'un équipage de pompes qui aspirent l'eau et la refoulent jusqu'aux extrémités de la distribution. Chaque coup de piston de la pompe doit faire mouvoir la colonne d'eau tout entière; et son effort se fait sentir jusqu'au point le plus élevé. La pression à laquelle obéit alors le liquide n'est plus naturelle, elle est artificielle; l'eau est poussée par un mécanisme qui agissant comme toute force aveugle n'évite pas les obstacles, mais les brise, ou se brise elle-même contre leurs résistances : si, dans le système de la distribution, on n'a pas sû prévoir tous les cas possibles et pris des dipositions particulières contre les accidents qu'ils peuvent faire naître.

La tour hydraulique a pour objet principal de transformer la pression artificielle en une pression naturelle. On porte une cuvette à une hauteur égale au point culminant du réseau : on relie cette cuvette aux pompes par un tuyau ascensionnel, dans lequel l'eau est directement poussée par les pompes. Au moyen de cette disposition, le piston n'a qu'une colonne à mouvoir : son action directe cesse à l'extrémité de cette colonne, au moment où l'eau se déverse dans la cuvette. Un autre tuyau descendant reçoit l'eau à son tour et la conduit dans le réseau, qui la distribue alors comme si la pression avait été, dès l'origine, toute naturelle.

Telle est, à notre avis, la fonction principale du château d'eau ou de la tour hydraulique. Mais on en peut tirer aussi un autre avantage. On peut disposer, à proximité de la cuvette, un appareil de jauge qui, recevant l'eau du tuyau à mesure qu'elle arrive, fait connaître la quantité qui est lancée et permet d'évaluer, à chaque instant de la journée, le travail effectif accompli par l'usine hydraulique, le travail en eau élevée. Au point de vue économique, c'est là un moyen de contrôle qui n'est point à négliger.

La cuvette, ainsi disposée au haut de la tour hydraulique, avec ou sans appareil de jauge, porte aussi le nom de réservoir de pression.

En Allemagne, les châteaux d'eau sont généralement adoptés : nous avons eu l'occasion de visiter ceux de Prague, de Leipsig, de Magdebourg, de Hambourg, etc. Les ingénieurs modernes les négligent. « Si on avait raison, dit M. Dupuit, de construire « autrefois des châteaux d'eau, les mêmes motifs « n'existent plus, depuis l'invention des réservoirs

« d'air, qui peuvent parfaitement les remplacer. »

Il faut voir dans les ouvrages spéciaux en quoi consistent les réservoirs d'air et leur mécanisme; nous en dirons un mot plus loin. Cependant les ingénieurs ne sont pas tous, là-dessus, de la même opinion. Tel est au moins le sens qu'il faut attacher, selon nous, aux paroles suivantes, que nous lisons dans un mémoire de M. Mallet :

« La question de savoir, dans l'intérêt de la diminution du travail, lequel est le plus avantageux d'élever l'eau dans des réservoirs de pression, ou de la forcer directement dans les conduites principales, est une question d'une haute importance. Nous pensons, d'abord que la solution ne peut en être due qu'à l'expérience, ensuite qu'elle dépend beaucoup des localités. M. Philippe Taylor, ingénieur très-distingué, donne la préférence à l'emploi des réservoirs de pression ; M. Wilson, ingénieur non moins distingué, nous a paru être du même avis. Voilà déjà deux autorités imposantes en faveur de ce mode. » (MALLET, *Notice historique sur une distribution*, etc. Paris, 1830.)

L'usage des réservoirs de pression est généralement répandu en Angleterre. A Glascow, ils portent le nom de *forcing-tower*.

A Paris, la pompe Notre-Dame, aujourd'hui détruite, avait un réservoir de pression; il y a aussi un réservoir de pression à la pompe à feu du Gros-Caillou. Les réservoirs de Chaillot, de Passy, de Vaugirard, de la rue Racine, du Panthéon, font également office de réservoirs de pression relativement à la partie du réseau qui leur est inférieure.

La tour hydraulique située sur les hauteurs de Louveciennes, et qui reçoit les eaux de la machine de Marly, est aussi un réservoir de pression. On lit, à propos de cette tour qui commence l'aqueduc de Marly, une anecdote assez curieuse dans les Mémoires de Perrault, de l'Académie française :

« M. Colbert mena un jour M. Huyghens à Versailles pour le lui faire voir. Ce savant admira tout ; mais ayant vu une tour fort haute sur la chaussée de l'étang de Clagny, il me demanda à quel effet on avait bâti là cette tour. Je lui dis que c'était pour élever l'eau de l'étang. « Est-ce, reprit-il, qu'on veut faire une fontaine sur cette tour ? — Nullement, lui répondis-je ; c'est pour la faire aller de là dans les réservoirs à toutes les fontaines. — Il n'était point nécessaire, me dit-il, de faire monter l'eau sur cette tour ; la pompe l'aurait portée aisément de l'étang dans les réservoirs, sans aucun entrepôt, et la dépense de la tour est assurément très-inutile. » Je compris la chose dans le moment même, et je le dis à M. Colbert, qui en demeura d'accord sans hésiter, en ajoutant : « Que voulez-vous ? Il faut bien payer son apprentissage. » Mais ce qui est encore bien plus étonnant, c'est qu'on a fait la même faute à Marly, où l'on a bâti une tour encore plus large et plus haute, et d'une dépense incomparablement plus grande que celle de Versailles, et qui n'est pas moins inutile ; car, avec la même force qui élève l'eau d'une hauteur immense sur cette tour, on pouvait la pousser, dans des tuyaux de conduite, dans les réservoirs de Versailles, sans l'élever ainsi. Je ne me mêlai point du tout de ce travail ; et comme M. Colbert en savait autant que moi sur cet article, je ne crus point devoir lui en parler. »

M. Dupuit, qui a reproduit l'anecdote, admet qu'on ne se rende pas immédiatement compte de l'utilité des châteaux d'eau. Il convient qu'ils ne remplissent pas une fonction mécanique; mais il reconnaît qu'en coupant la colonne ascensionnelle, le tronc initial du réseau de distribution, ils facilitent le mouvement du piston des pompes. « Nul doute, ajoute-t-il, qu'Huyghens n'eût aperçu la difficulté, s'il avait pris le temps d'y réfléchir. »

M. de Prony a donné une description de la machine de Marly, dans un rapport sur divers projets présentés pour la remplacer; et il a émis, à propos de la tour, l'opinion suivante :

« L'eau est forcée, dit-il, au haut d'une tour, à une hauteur de 476 pieds (154 mètres) au-dessus de la rivière, dont cette tour est à 634 toises (plus de 1,230 mètres) de distance. Cette tour forme les extrémités d'un aqueduc, aussi fastueux qu'inutile, de 330 toises de longueur, porté sur trente-six arcades, et dont l'autre extrémité est également terminée par une tour ou château d'eau : on conçoit que les tuyaux de conduite auraient pu descendre immédiatement de la première tour, et qu'ainsi l'aqueduc et la deuxième tour sont entièrement superflus. »

En citant ce passage de M. de Prony, M. Dupuit fait remarquer avec raison, d'une part le rôle de la tour placée au sommet de la montagne et faisant château d'eau, tour critiquée par Perrault, qui n'en avait pas compris l'usage ; et, d'autre part, l'inutilité des trente-six arcades et de la seconde tour qui avait échappé à la critique de Perrault et a été justement blâmée par M. de Prony.

Les réservoirs d'air consistent dans une capacité cylindrique interposée entre la pompe à eau, avec laquelle ils sont en communication, et la conduite ascensionnelle.

La tour hydraulique rend la vitesse de l'eau uniforme dans le réseau de distribution. Le rôle essentiel du réservoir d'air est beaucoup moins de rendre la vitesse uniforme, que de réduire, dans une grande proportion, la masse que le piston d'eau doit mettre en mouvement, et de lui permettre de prendre la vitesse qui convient aux organes de la machine, sans provoquer un surcroît de résistance.

Dans le passage suivant, M. Dupuit a déterminé avec beaucoup de précision la valeur réelle du réservoir d'air. Il apporte à son efficacité des restrictions qu'il est utile de connaître.

« Cependant, dit-il, nous devons faire observer que, lorsque la conduite branchée sur le réservoir d'air fait un service en route susceptible de varier, les variations qui en résultent peuvent déterminer, ou une accélération, ou des retards, ou des arrêts dans la machine qui fait marcher les pompes. Supposons par exemple, qu'il s'agisse d'élever de l'eau à 50 mètres et que le diamètre et la longueur de la conduite soient tels que la perte de charge soit de 12 mètres, quand toute l'eau est envoyée à l'extrémité. Il est clair que la pression moyenne du réservoir d'air pourra varier entre 50 et 62 mètres par l'effet des prises d'eau en route. Or, si cette variation avait lieu brusquement, il pourrait en résulter de graves inconvénients pour certaines machines ; mais il est évident qu'on ne peut redouter l'ouverture simultanée de tous les robinets, et qu'il suffira, dans la pratique, de pouvoir, au moyen d'un régulateur, parer à une variation de charge de quelques mètres. Il n'y a guère de machine qui ne soit exposée à éprouver des variations de résistance, par suite du travail plus ou moins considérable qui lui est demandé, et pour laquelle on n'ait besoin de régulariser le moteur où la résistance. Cependant nous devons faire observer que le château d'eau a pour résultat de régulariser complètement la résistance à vaincre par la machine. Lorsqu'il n'y a pas de réservoir d'air, il y a bien avec le château d'eau une variation de résistance, mais cette variation est régulière et périodique, et ne peut par conséquent amener aucun accident imprévu. Avec un réservoir d'air et un château d'eau, le machiniste se trouve dans une sécurité complète; mais cette sécurité s'achète, du reste non-seulement par la dépense du château d'eau; mais par l'obligation d'élever toujours l'eau à son maximum de hauteur. On ne profite ni de la diminution de charge due au débit en route, ni de la hauteur des réservoirs.

« La dépense des châteaux d'eau dépend à un très-haut degré des circonstances locales; si l'eau ne doit être élevée qu'à une très-faible hauteur, ou si la conduite ascensionnelle, dans son tracé naturel, s'élève immédiatement à une hauteur voisine de celle qui exprime la charge, il est évident qu'alors la dépense du château d'eau peut se réduire à celle de quelques mètres de tuyau, et que l'ingénieur peut alors avoir recours à ce système avec de justes motifs, surtout si la conduite ascensionnelle doit faire en route un service dont l'importance peut varier brusquement.

« Quant à la dépense du réservoir d'air, elle est toujours si faible par rapport aux avantages qu'on en retire, que cet appareil doit être considéré comme une annexe indispensable de toute machine destinée à élever de l'eau à l'aide d'un mouvement de va-et-vient. » (Dupuit : *Traité de la conduite et de la distribution des eaux*, in-4° p. 191.)

Les considérations que nous avons à présenter concernant les réservoirs ont été l'objet d'une note que nous avons lue à l'Académie des sciences. Nous nous bornons à en reproduire le texte tel qu'il a été imprimé dans les *comptes-rendus* des séances de l'Académie tome 53 p. 147.

« Quand la source est permanente et que son abondance permet d'y puiser selon les besoins de chaque moment, le réservoir n'est qu'un lieu intermédiaire apprêté pour avoir des quantités toujours disponibles avec la pression voulue. L'eau ne fait qu'y passer en quelque sorte.

« La source est permanente quand elle est constituée par un cours d'eau qui ne tarit jamais. Telles sont, pour Paris, la Seine et le canal de l'Ourcq. Ces deux cours d'eaux permettent de tenir constamment en charge les conduites qui s'y alimentent.

« Le canal de l'Ourcq, par la hauteur de son niveau, qui domine naturellement les divers étages des coteaux de la rive droite de la Seine, de La Villette à Monceaux, vient dominer aussi ceux de la rive gauche, selon une ligne qui va du réservoir de Saint-Victor à ceux de la rue Racine et de Vaugirard.

« Sur la rive droite de la Seine, la pression est donnée par l'aqueduc de ceinture qui part du bassin de la Villette et vient aboutir au réservoir de Monceaux. L'eau y coule par sa propre pente.

« Sur la rive gauche la pression est donnée par la hauteur du plafond des réservoirs de Saint-Victor, de la rue Racine et de Vaugirard. Des conduites principales partant de l'aqueduc de ceinture viennent en syphon alimenter ces réservoirs en traversant la Seine. De façon que si l'on suppose ces conduites et ces réservoirs en rapport convenable par leur débit et leur capacité avec les besoins du service auquel les eaux de l'Ourcq ont eté affectées, il n'y a qu'à tenir les conduites en bon état pour la libre circulation de l'eau dans leur intérieur.

« En ce qui concerne la Seine, les choses se passent différemment. Le fleuve coulant au fond de la vallée, pour utiliser ses eaux, il faut les élever avec des machines, soit en les forçant directement dans des conduites, ou les faisant monter dans des châteaux d'eau, soit en les accumulant pour un temps donné dans des réservoirs supérieurs où elles conservent la pression fournie par la machine ; ces réservoirs sont ceux de Chaillot, de Passy et du Panthéon. Les nécessités du service ne permettent pas que l'eau séjourne dans ces réservoirs pendant un long temps. Et en effet, c'est tout au plus si, pour la Seine, le travail des machines marchant jour et nuit, suffit à la consommation de chaque jour.

« Je passe aux sources qui ne sont pas permanentes. Pour utiliser leurs eaux il faut les réunir dans des dépôts, les emmagasiner en quelque sorte.

« Le plus grand de ces dépôts que j'aie visités est celui qui alimente la ville de Manchester, en Angleterre. Ce réservoir occupe soixante acres de terrain (vingt-quatre hectares). On y recueille toutes les eaux environnantes. Celles-ci y séjournent un temps plus ou moins long, le départ étant journalier et continu, tandis que l'arrivée est soumise au caprice du temps, qui augmente ou diminue le produit des sources.

« Dans le plus grand nombre des cas, ces dépôts sont établis sur une petite échelle. Telles sont les citernes, espèces de chambres souterraines où l'on recueille les eaux de pluie. Tous les forts des environs de Paris en sont pourvus.

« Ces chambres des forts sont construites avec solidité, comme tous les travaux du génie militaire; elles sont parfaitement étanches; l'eau s'y conserve, c'est-à-dire qu'elle ne s'y perd pas. Mais, pour éliminer les altérations qu'elle y doit subir à la longue, par le fait même de son immobilité, par la privation longtemps continuée de tout contact avec l'air, et pour la rendre toujours excellente, il suffirait d'y joindre un appareil à la vénitienne; chose facile, les lieux s'y prêtant parfaitement et l'espace n'y manquant point.

« D'après ce que je viens d'exposer ci-dessus, on voit qu'il faut diviser les réservoirs généraux en deux catégories.

« 1° Ceux qui sont alimentés par des sources permanentes et où l'eau ne fait que passer.

« 2° Ceux qui sont destinés à emmagasiner les produits des sources intermittentes ou d'un faible débit actuel et dans lesquels les eaux doivent séjourner pendant un certain temps.

« Maintenant quelles sont les conditions de salubrité dans les uns et dans les autres ?

« Pour les réservoirs de la *première catégorie*, ceux où l'eau ne fait que passer, il faut tenir compte des conditions dans lesquelles elle y arrive et ménager des moyens faciles de nettoiement afin de débarrasser leur fond des impuretés que la poussière et les corpuscules flottant dans l'air y accumuleraient à la longue.

« Si l'eau y arrive par des conduites fermées, il n'y a point à craindre d'altération dans le trajet, autre que la perte d'une portion d'air par le fait du frottement sur les parois des tuyaux. Si la conduite est à ciel ouvert, si c'est un canal ou une rigole, il faut que l'eau y coule avec une vitesse de 35 centimètres par seconde, comme nous l'avons dit ci-dessus.

« Pour les réservoirs de la *seconde catégorie* ceux où l'eau doit séjourner, il faut tenir compte de deux circonstances.

« Si vous les couvrez hermétiquement, vous privez l'eau qu'ils renferment du contact bienfaisant de l'air et par conséquent d'oxygène. Si vous ne les couvrez pas, vous les exposez à la chaleur des rayons solaires.

« Lequel de ces inconvénients est le plus grave ?

« L'expérience pourrait être invoquée.

« Il résulte des détails que j'ai donnés sur Manchester que, dans cette ville, on ne craint pas l'échauffement par les rayons solaires.

« Ailleurs aussi, par expérience, on craint beaucoup plus les inconvénients du renfermé que ceux de l'air libre. Dans les citernes vénitennes l'eau est emmagasinée dans le sable et par conséquent renfermée ; le bassin central où elle vient se rendre est à l'air libre et l'on y puise l'eau, non point avec une pompe dormante, mais avec une corde et un seau pour l'agiter et la battre, avant de la tirer, en vertu du proverbe qui dit : l'*acqua battuta* (c'est-à-dire aérée) *è l'acqua migliore*. (Académie des sciences, séance du 22 Juillet 1861.)

CHAPITRE XVI

QUESTION ÉCONOMIQUE

L'utilité est de deux sortes. — Devoir des administrateurs de la commune. — Solution des difficultés financières. — L'œuvre doit être conçue aussi en vue de l'avenir. — L'eau est-elle livrée gratuitement? — Un mot de Mirabeau. — L'impôt le plus lourd. — Le tarif de vente.

Dans une distribution d'eaux publiques, il y a pour une commune deux sortes d'utilité de premier ordre : la santé publique d'abord et par conséquent les intérêts de la salubrité générale ; et ensuite, avec l'accroissement du bien-être des habitants qui est la conséquence de la salubrité, le développement de l'industrie que vient favoriser une plus grande abondance de l'un de ses principaux éléments. Si bien que, dans une commune, l'approvisionnement de l'eau est pour les habitants un principe incontestable de santé et de richesse.

En présence de si graves intérêts, le devoir imposé aux administrateurs communaux est donc d'une importance extrême ; et par conséquent ceux qui, connaissant tout le prix de ce devoir et possédant le nécessaire, ne mettraient pas tout leur zèle à l'accomplir, non-seulement ils dédaigneraient le soin de leur propre renommée, mais encore ils se montreraient peu dignes de la confiance de leurs concitoyens, et ils engageraient, au moins moralement, leur responsabilité réelle et personnelle.

Dans cet ouvrage nous avons démontré que partout on peut avoir de l'eau et de la bonne eau ; au moins pour la boisson, attendu que toute eau, soit superficielle, soit profonde, provenant de la pluie, on peut toujours, quand manquent les autres moyens, retenir la pluie au passage.

Pour ce qui est de l'eau, la question n'est donc insoluble nulle part ; à la condition qu'on appellera, pour la résoudre, le concours simultané du médecin de la localité et celui de l'ingénieur.

Naguère encore on pouvait dire comme M. Dupuit dans un passage que nous citerons tout à l'heure : la question *n'est pas assez connue des administrateurs et même des ingénieurs :* à quoi nous pouvions ajouter de notre côté, que, les hygiénistes ne s'étant pas préoccupés davantage de cette étude spéciale, ils n'en avaient pas démêlé les vrais principes. Aujourd'hui que la question est élucidée ; l'ingénieur et le médecin sont parfaitement en mesure de guider sûrement, avec fermeté et sans hésitation, les administrations communales, dans la fondation et l'exécution rationnelle de pareilles œuvres.

Il ne reste donc plus que les difficultés financières.

Pour les communes qui n'ont pas de revenu, ces difficultés semblent considérables. Mais il est bon de regarder au fond de la question avant de renoncer à la résoudre.

Qu'une commune n'ait pas de revenu en tant que commune, nous l'admettons. Toutefois, si l'on examine le cadastre, on arrive à se convaincre aisément qu'il n'y a pas de localité qui ne soit productive, dès le moment qu'elle sert d'asile à une population agglomérée. Et en effet il n'y a que les déserts qui ne produisent rien : mais aussi amenez de l'eau au désert et vous y amènerez la vie, amenez de l'eau à une commune pauvre qui en manque et vous y amènerez la richesse.

Pour les communes pauvres, comme pour celles qui ont des revenus abondants, c'est donc au cadastre, c'est-à-dire, en d'autres termes, c'est aux centimes additionnels qu'il faut demander la solution.

Or, grâce aux institutions financières du pays, il ne saurait maintenant y avoir, nulle part, d'utilité publique en souffrance. Quand le choix de l'eau est fait, que les dépenses nécessaires pour l'amener et la distribuer sont bien prévues, le conseil communal vote des centimes et *le Crédit Foncier de France*, avance la somme nécessaire moyennant un intérêt et un amortissement dont le taux adouci permet de répartir le remboursement sur un demi-siècle et au delà. S'il est vrai qu'il n'y ait pas moins de trente mille communes en France qui ayent besoin d'eau ; les administrateurs de ces communes peuvent donc bien mériter de leurs concitoyens, acquérir des droits légitimes à leur reconnaissance et attacher leur nom à de véritables monuments d'utilité publique en réalisant le précepte du verre d'eau. *Et quiconque aura donné seulement à boire un verre d'eau à l'un de ces plus petits . . . . . je vous le dis en vérité, il ne perdra point sa récompense.* (Évangile MATH., ch. X, v. 42).

Mais quand on entreprend de telles œuvres il faut considérer l'avenir plus que le présent : ce ne sont plus seulement les besoins effectifs des habitants du moment, ce ne sont pas non plus les besoins de leur industrie présente, ce sont aussi des habitants à venir plus nombreux qu'il faut songer à desservir et une industrie plus développée

Sans compter que la nature même de l'œuvre et ses conditions d'exécution ne s'opposent point, bien loin de là, invitent au contraire à avoir souci de l'avenir autant que du présent. Il faut entendre là-dessus un savant et habile ingénieur qui est aussi l'un des économistes les plus sérieux de notre époque.

« Un des motifs les plus puissants, dit M. Dupuit, qui doivent déterminer les administrations municipales à établir des distributions d'eau, c'est que ces entreprises se prêtent plus que toutes les autres à un morcellement qui permet de répartir les allocations sur un grand nombre d'années, sans que les sacrifices antérieurs restent stériles. Il n'en est pas ainsi de la plupart des travaux plublics, qui en général ne deviennent utiles que quand ils sont achevés. On ne peut se servir d'un marché, d'un théatre, que lorsqu'ils sont couverts ; on ne peut passer sur un pont que lorsque la dernière arche est fermée ; et si des circonstances obligent à interrompre les travaux, ce qu'on a fait jusqu'alors est à peu près perdu. Au contraire, dès que les premières dépenses sont faites, une distribution d'eau donne immédiatement des résultats utiles, et chaque nouvelle dépense vient successivement les accroître. Nul doute que, si tout ce qui se rattache à cette question *était plus connu soit des administrateurs, soit des ingénieurs*, les travaux de distribution d'eau prendraient un développement bien plus grand qu'ils ne l'ont fait jusqu'à ce jour. » (DUPUIT : *Traité de la conduite des eaux, etc.* Avant propos. Paris 1854.)

Ici se présente une question capitale. L'eau doit-elle être livrée gratis ? Il y a, sur ce point, une distinction importante à établir. La commune s'est obérée pour un double service, pour satisfaire aux besoins domestiques de ses habitants et pour leur ménager la jouissance d'un élément utile à leur industrie. Evidemment la commune doit tirer son profit, au moins de cette partie de l'eau ; car, en la procurant à ses habitants et en les autorisant à l'appliquer à l'industrie, c'est un moyen de gain qu'elle leur fournit et il est de stricte justice que tout gain remonte à sa source.

Quand on a comparé l'eau à l'air, on a eu sans doute raison : nous avons besoin de l'un autant que de l'autre. Mais on n'obtient pas l'un et l'autre au même titre, et quand Mirabeau s'écriait : « Qu'on ne s'y trompe « pas, il s'agit de *l'eau*, de cet aliment qui, avec *l'air*, « est presque le seul bienfait que la nature ait voulu « soustraire à la tyrannie... » Il faisait de la déclamation. *Qu'on ne s'y trompe pas*, et Mirabeau s'y trompait lui-même. L'eau n'arrive pas *gratis* dans l'estomac de celui qui a soif, comme l'air dans les poumons. Pour avoir de l'air il suffit qu'on respire : Si l'on veut de l'eau, il faut aller la chercher ou payer pour qu'on vous l'apporte. Si c'est là une tyrannie, il faut bien convenir que la nature n'a rien fait pour nous y soustraire.

Croire qu'on a de l'eau gratis est donc une profonde erreur, et les municipalités qui en font l'objet d'un service public ne sauraient la donner pour rien à leurs administrés, pas plus qu'elles ne leur donnent pour rien d'autres services.

Une ville qui établit des fontaines, est obligée d'y consacrer un capital de fondation et une somme annuelle pour l'entretien. Avec quoi paye-t-elle l'une et l'autre ? Si ce n'est avec le produit de ses revenus, avec son octroi, avec des centimes additionnels, lesquels pèsent sur tout le monde, sur le pauvre comme sur le riche.

L'eau coule à la fontaine : et parce que l'on peut y

puiser à volonté, sans que personne soit là pour exiger une redevance, on s'imagine qu'on y puise *gratis*. Encore une fois, c'est là une grande erreur : la *gratuité* n'est qu'apparente, et le pauvre, en vue duquel, au fond, elle est établie, n'est pas celui à qui elle profite le plus ; car c'est lui qui consomme le moins. Et il ne faut pas dire qu'il y a compensation, attendu que le pauvre paye moins d'impôts que le riche : y a-t-il un impôt plus lourd que celui de la misère !

Dans une distribution bien conçue, il y a toujours un excédant, dont la vente peut devenir la source d'un bon revenu pour la commune. On comprend que le tarif à établir dans ce cas, pour être régulier, doit être en rapport avec les nécessités locales. Ce que nous avons dit précédemment est plus que suffisant, et nous dispense d'entrer là-dessus dans aucun détail particulier. D'ailleurs les considérations exclusivement fiscales ou financières n'entrent pas dans l'objet du présent livre.

CHAPITRE XVII

DES ÉTABLISSEMENTS LES PLUS IMPORTANTS DE DISTRIBUTION D'EAUX PUBLIQUES

Les aqueducs de Rome. — Ce que les Romains faisaient de leurs eaux. — L'hydraulique née sous Louis XIV. — Les galeries filtrantes de Toulouse ne sont pas un progrès. — Leur imitation a été funeste. — Les deux plus beaux établissements hydrauliques du monde. — L'aqueduc du Croton, à New-York. — Le docteur Brown. — Son opinion sur les eaux qui flattent le goût. — Préjugé exploité par des intérêts privés. — On fore des puits artésiens. — Caractère scientifique du forage du puits de Grenelle, à Paris. — Barrage du Croton. — Le *Harlem-Bridge.* — Ventilateurs. — Bassins. — Prix de revient de l'œuvre accomplie — Réflexions. — Un mot de Prony. — L'œuvre de Marseille. — Raison de sa grande valeur. — Situation actuelle de la ville de Vienne sous le rapport des eaux publiques. — L'aqueduc de Montpellier.

Les travaux accomplis pour l'approvisionnement de Rome étaient, dans l'antiquité, l'objet d'une grande admiration. Nous avons là-dessus le témoignage de Pline, *nihil magis mirandum fuisse in toto orbe terrarum* (Pline, XXXVI, 15.)

Frontin en a donné une description complète, le commentaire. Cette description se trouve résumée avec clarté dans le précieux ouvrage de C. Dezobry

Rome au siècle d'Auguste. Nous y renvoyons ceux de nos lecteurs qui voudront connaître à fond le sujet.

L'eau amenée à Rome, au moyen de sept aqueducs, avait nécessité autant de canaux, dont le développement total ne mesure pas moins de 260 kilomètres : 24 kilomètres en substructions monumentales, et 236 kilomètres en parties souterraines et à ciel ouvert. En réunissant les eaux de ces sept canaux, on aurait eu un fleuve pareil au bras gauche de la Seine à Paris, en temps moyen.

Que faisaient les Romains de cette masse d'eau, car ils n'avaient point nos industries? Ils la répandaient pour rafraîchir l'air, que la chaleur rendait intolérable *infamis*, (*urbis infamis aer*, Frontin.) Ils la consommaient en bains ; du temps de Valentinien, il y avait à Rome 12 thermes, et 856 bains publics : on se baignait tous les jours et jusqu'à 7 et 8 fois par jour. De plus, dans certaines circonstances, ils l'accumulaient brusquement dans les naumachies. L'eau du lac Martignano *aqua alsietina* aboutissait au pied du Janicule, à la naumachie d'Auguste, où 30 trirèmes et beaucoup de petits bâtiments manœuvraient à l'aise. Voilà ce que les Romains faisaient des eaux de leurs sept aqueducs.

De semblables abus ne sont pas dans nos mœurs ; notre civilisation et notre climat ne provoqueront jamais de tels besoins. Si nous amenons dans nos villes d'abondantes eaux, c'est pour en tirer une utilité plus réelle. Nous faisons bien aussi des monuments comme eux : Mais on conviendra que, le pont du Gard, construit pour amener aux bains de Nimes les eaux calcaires d'Eure et d'Airon, est à coup sûr moins digne d'être imité pour le même but que le pont aqueduc de Raquefavour, qui, en dérivant la Durance, a transformé l'affreux désert des alentours de Marseille en une riante campagne.

L'œuvre de Marseille a été accomplie avec les ressources d'une seule ville et le concours d'un ingénieur : tandis que Rome, dans toute sa puissance, et disposant des trésors du monde entier, n'a pas su dessécher les marais Pontins, où était véritablement l'*infamis aer*. Il faut donc laisser à l'archéologue et à l'artiste, leur admiration pour ces antiquités, qui n'en sont pas moins éloquentes et très-pittoresques. Que si nous voulions absolument contempler des ruines grandioses, les restes de l'aqueduc de Maintenon valent bien celles de l'aqueduc de *Claudio*, dont la campagne romaine s'énorgueillit.

Les anciens avaient des idées de grandeur en rapport avec les lumières de leur époque. Les nôtres sont le fruit d'une science plus profonde, ayant donné naissance à des arts plus subtils à la fois et plus capables de grands, d'incomparables efforts.

Les Romains ont laissé partout des conduites d'eau, mais leur science de l'hydraulique est restée dans l'enfance. Pour amener les eaux jusqu'au lieu où elles devaient être employées, ils ne connaissaient qu'un moyen, qui consistait à les réunir dans un canal et à les soutenir au même niveau depuis le point de départ jusqu'au lieu d'arrivée, en leur ménageant seulement une pente suffisante. Quand ce canal rencontrait une vallée, on construisait des arcades pour le soutenir.

L'aqueduc du mont Pyla, qui conduit les eaux à Fourvières, sur la partie la plus élevée de Lyon, et qui date de l'empereur Claude, fut établi sur un autre principe. La construction en arcades ayant été jugée impossible à cause de la profondeur des vallons qu'il fallait traverser, on eut l'idée d'un syphon et de substituer au canal, qui eût régné jusqu'au sommet des arcades, une série de tuyaux en plomb dont la matière fût susceptible de se plier aux diverses inclinaisons du terrain.

Lorsque, plus tard, l'empereur Constantin eut transféré le siége de l'empire à Byzance, et qu'il fallut amener des eaux dans cette ville, on se souvint du pont à syphon de Lyon, et les imitations qu'on en fit prirent le nom de *souterazi*.

C'est là le seul progrès que les anciens aient fait dans l'art de conduire les eaux. Ils ne surent pas les élever; ils ne connaissaient pas la loi physique de la pesanteur de l'air, découverte de notre temps par Galilée, et confirmée par Torricelli, qui, le premier, expliqua, par cette loi, le phénomène de l'ascension de l'eau dans les corps de pompe.

La science de l'hydraulique a eu son premier essor sous le règne de Louis XIV. Les études qui durent être faites, par les ordres du grand roi, pour amener des eaux à Versailles, contribuèrent à l'établissement de la plupart des principes sur lesquels elle se fonde, tels que beaucoup de lois relatives au mouvement de l'eau, tant dans les canaux que dans les rivières et dans les tuyaux de conduite.

« Les grands travaux hydrauliques exécutés sous Louis XIV, dit Genieys, ont eu le précieux avantage de fournir l'occasion de perfectionner les méthodes de nivellement, de présenter une application des premières découvertes sur la pesanteur de l'air, la pression des liquides, les phénomènes de leur écoulement, et de fournir les moyens de faire des expériences qui, plus tard, ont servi de base à des théories plus parfaites et plus rigoureuses... ce qui doit faire absoudre ce prince du reproche tant répété d'avoir voulu vaincre la nature à Versailles, pour transformer un site sauvage en un lieu de délices. » (Genieys, *Essai sur l'art de conduire et d'élever les eaux.*)

Il faut arriver jusqu'au commencement du siècle présent pour voir s'accomplir de nombreux travaux hydrauliques destinés à alimenter de grandes villes. Les Anglais nous ont précédés, de quelques années seulement, si l'on ne veut point tenir compte de l'établissement de la pompe à feu de Chaillot. Que nous ayons été ainsi devancés, cela tient à deux causes.

Nous avons découvert la puissance de la vapeur, mais c'est un Anglais, Watt, qui, par ses perfectionnements, en a facilité l'application à l'industrie et propagé l'emploi. C'est là une cause réelle et qui a été très-efficace. L'autre cause est d'une nature différente. Elle tient au crédit, qui s'est promptement popularisé chez nos voisins. Les distributions d'eaux publiques ne peuvent jamais être que des œuvres d'association; or, nous commençons à peine à comprendre que c'est là un puissant moyen d'opérer de grandes choses en ce genre.

Lorsqu'en 1824 M. Mallet alla en Angleterre étudier cette question, il trouva des distributions d'eaux publiques établies sur une grande échelle à Londres, à Manchester, à Liverpool, à Glascow, à Greenock, à Édimbourg. Aujourd'hui, il n'y a peut-être pas, outre-Manche, de ville qui n'ait la sienne.

En France, en fait de villes importantes, c'est Toulouse qui a ouvert la voie; puis sont venues Marseille et Lyon. Dans cette dernière ville, l'œuvre s'est accomplie aux frais d'une compagnie. A Toulouse et à Marseille, c'est l'administration municipale qui a tout fait.

L'établissement hydraulique de Toulouse offre un intérêt tout particulier; nous dirons un mot de son histoire.

Un ancien capitoul, dont le nom mérite d'être conservé, M. Lagane, mort en 1789, donna par son testament une somme de 50,000 francs à la ville, pour *y introduire les eaux de la Garonne, pures, claires, agréables à boire*. Ce legs était exigible dix ans après la mort de sa femme, et révocable par les héritiers de Madame Lagane, si, dix ans après avoir été exigé, la conduite des eaux n'était pas terminée.

Madame Lagane mourut en 1817. Le conseil municipal accepta le legs, malgré les hésitations de quelques membres. Qu'était-ce, en effet, qu'une somme de 50,000 fr. pour un travail qui, en fin de compte, a coûté plus d'un million. Il eût été permis d'hésiter, même pour une somme moitié moindre. On hésita donc, mais on se décida, et, une fois le parti pris, les magistrats de Toulouse, qui avaient alors à leur tête un homme éclairé et dévoué au bien public, M. le baron de Montbel, comprenant toute la grandeur de leur mission, se posèrent franchement devant le problème, avec la ferme résolution de n'éluder aucune de ses difficultés ; et ils parvinrent à doter leur patrie de l'une de ces améliorations qui changent une ville de face, en augmentant ses conditions de salubrité, et en ménageant à son industrie un moyen d'action dont elle avait été privée jusqu'alors.

Quatre ans se passèrent en propositions et en discussions de plans ; on pouvait emprunter l'eau à deux cours : au canal du Midi et au fleuve ; on se décida pour la Garonne.

Mais le testateur avait demandé des eaux pures et

claires, et celles de la Garonne sont souvent troubles. Comment remplir cette condition onéreuse?

Tout près du point choisi pour l'emplacement du château d'eau il existe un banc composé de gravier et de sable entremêlés souvent de gros cailloux ; ce banc, qui datait alors d'une cinquantaine d'années seulement, est le résultat d'un léger déplacement dans le lit de la rivière. Dans un établissement fondé pour l'avenir aussi bien que pour le présent, cette circonstance n'était peut-être pas indifférente ; car si la Garonne s'en est allée, elle peut fort bien revenir, et les exemples d'un changement quelconque dans le lit des rivières ne sont pas rares.

Quoi qu'il en soit, on ouvrit, dans ce banc d'alluvion, trois fossés, que l'on transforma en galeries, avec des briques simplement superposées; on remplit ces galeries de gros cailloux bien lavés, on mit par dessus une couche de gravier et de sable, puis la terre sablonneuse extraite de la fouille et on sema du gazon par dessus.

« L'eau, dit M. D'Aubuisson, est parfaitement bonne et limpide, *tant que la Garonne demeure dans son lit; mais dans les crues*, lorsqu'elle déborde et qu'elle recouvre le terrain sous lequel sont les excavations, ses eaux y pénètrent, soit par quelque fissure encore inaperçue, soit en traversant des terres non suffisamment tassées, et elles *en sortent un peu louches*.

« En temps ordinaire, le seul reproche qu'on puisse

faire à ces filtres, c'est de n'être pas entièrement exempts d'une végétation souterraine : les brins de bissus qui s'en détachent sont souvent portés par les eaux jusqu'à la cuvette du château d'eau, où il faut employer des toiles métalliques pour les retenir.

« Mais si, par un malheur que rien d'ailleurs ne présage, dont tout au contraire éloigne la crainte ; car la rivière, dans son régime actuel, tend à agrandir plutôt qu'à diminuer le banc d'alluvion qu'elle nous a donné et qui nous procure ces avantages ; si enfin ce banc nous était enlevé, si les petits canaux afférents, contenus dans cette masse sablonneuse, et qui, en retenant les matières terreuses, cause de la saleté de l'eau, la livrent entièrement pure, venaient à s'obstruer, alors nous aurions recours à une clarification artificielle. » (D'Aubuisson de Voisins, *Histoire de l'établissement des fontaines à Toulouse*. Paris, 1839).

L'établissement de Toulouse, bien conçu et bien exécuté, comme œuvre d'ingénieur, est loin de marquer un progrès réel dans l'art de la distribution des eaux publiques. Il a été funeste à la ville de Vienne, qui s'est empressée d'imiter sur les bords du Danube, les galeries filtrantes de M. D'Aubuisson.

Les eaux de la Garonne, en traversant le terrain, n'y rencontraient point de substances solubles capables de les altérer dans leur composition chimique. A Nussdorff, au contraire, il y avait absence complète de banc de gravier ; et, à la place de celui-ci, au contraire, un atterrissement formé par les débris du grès viennois et par un *lœss* mêlé de chaux et quelquefois de salpêtre (*Partsch*).

En France on a imité aussi les galeries filtrantes de Toulouse. Quel est le résultat qu'on en a obtenu à Lyon? Mais laissons cette question du filtrage en grand qui sera éternellement pour les inventeurs, le pendant du problème mathématique de la quadrature du cercle avec la différence cependant que les uns n'exposent aucun capital, tandis que les autres courent le risque de ruiner des compagnies.

Les plus beaux et en même temps les plus grands établissements de distribution d'eaux publiques qui aient été exécutés de notre temps, sont ceux de Marseille et de New-York : l'aqueduc de la Durance et l'aqueduc du Croton. Fondés sur les plus larges bases, ce sont aussi ceux qui ont produit les plus grands résultats.

L'ingénieur qui a conçu et exécuté la distribution de Marseille, M. de Montricher, n'a pas vécu assez pour jouir de sa gloire, car c'est de la vraie gloire que d'avoir fertilisé des rochers et fait naître l'abondance où régnait autrefois la stérilité.

Nous n'avons encore aucune description des travaux de Marseille : nous avons plus de détails concernant l'aqueduc du Croton, qui alimente la ville de New-York, et dont la longueur est de 71 kilomètres.

New-York est dans une île *Manhattan island*, à

l'embouchure de l'Hudson. Son sol, entouré d'eau salée, présente des inégalités qui ont jusqu'à 238 pieds d'élévation. Elle a 13 5/8 milles dans sa plus grande longueur sur 2 1/4 milles de large. En 1770 on y comptait 22,000 âmes; en 1840, 400,000; en 1855, 625,000.

Le sol est composé pour la plus grande partie de gneiss renfermant du carbonate de chaux, dans la proportion de moitié environ de son volume.

C'est dans ce terrain que les premiers habitants creusèrent des puits. En 1795 la question d'une distribution d'eaux publiques fut sérieusement agitée. On discuta pendant trois ans : à la fin on fut convaincu qu'on ne pourrait résoudre la difficulté qu'en sortant de l'île, et en allant chercher de l'eau sur le continent.

Dans un rapport daté de 1798, le docteur Brown fait le tableau le plus alarmant de la situation. Il accuse l'eau dont on fait usage, d'être la cause des épidémies et de plusieurs maladies qui affligent la population. Il blâme fortement la prédilection des habitants pour les eaux de puits. « Si, d'un côté, dit-il, ces eaux flattent le goût par leur fraîcheur et l'acide carbonique qu'elles contiennent; d'un autre côté leur usage devient fort pernicieux, attendu qu'avant d'arriver aux puits, elles se chargent d'impuretés de toute espèce qu'elles reçoivent des rues, des cours et des écuries, par voie de filtration à travers le sol. »

Il démontra encore que l'état sanitaire d'une ville

dépend bien plus de la qualité de l'eau que l'on y consomme, que de celle de tout autre aliment.

Le docteur Brown était dans les bons principes, il proposa un barrage sur la rivière de Broncx. La quantité d'eau qu'elle pouvait fournir fut jugée insuffisante. Les projets se succédèrent les uns sur les autres et le temps se passa ainsi jusqu'en 1834 où fut adopté celui qui est relatif au Croton.

M. Schramke, qui nous fournit ces détails, termine son exposé par la réflexion suivante, qui s'applique à l'histoire de la plupart des établissements d'eaux publiques. « Il fallait que tant d'années s'écoulassent « avant qu'on pût parvenir à une décision définitive « pour l'exécution d'une conduite d'eau. A la vérité la « principale cause de ces lenteurs était dans la saveur « piquante et agréable (pleasant taste) d'une eau im- « pure et malsaine (unwholesome) qui flattait le goût « et à laquelle la population était habituée. Grâce au « zèle infatigable de quelques hommes éclairés, on fi- « nit par renoncer à un préjugé funeste, et par songer « aux moyens à employer pour se procurer une eau pure « et saine. Grâce aux efforts de ces hommes, qui n'a- « vaient reculé devant aucune des difficultés de tout « genre, qu'un parti entiché des anciens préjugés leur « avait opposées, même pendant le cours des travaux, « la grande entreprise a été commencée, conduite « avec sagesse et terminée avec un plein succès. » (T. Schramke, *description of the New-York Croton aqueduct.*)

Ce goût de la population fut exploité par des intérêts privés, et, comme c'est l'ordinaire, sordides et mesquins. On amusa le public en creusant des puits plus nombreux, dont on aspirait l'eau avec des pompes. Dans les points élevés, ils ne fournirent pas une eau constante; dans les parties basses de la ville ils se gâtèrent, l'eau salée ayant fini par les envahir.

Après les puits ordinaires vinrent les puits artésiens : c'était en 1827, époque de leur plus grande vogue. On en creusa plusieurs, et à des profondeurs diverses, depuis 90 jusqu'à 448 pieds. Leur succès immédiat fit concevoir de grandes espérances. Mais quand on vit, avec le temps, que, dans les uns, le produit primitif allait en diminuant; que, dans les autres, l'eau était ou chargée de substances minérales, ou gâtée par les infiltrations de la mer, force fut bien de les abandonner, comme on avait abandonné les puits ordinaires. Cependant les souffrances d'une population entière s'étaient prolongées et accrues.

Nous avons dit, au chapitre X, de quelle utilité pouvaient être les puits artésiens, quand il s'agit d'alimenter de grands centres de population. A New-York, le service de la ville aurait exigé plus de deux cents puits, sans compter les machines élévatoires nécessaires pour amener l'eau au dehors; car ils ne fournissaient pas tous une eau jaillissante.

Le succès du puits de Grenelle a donné lieu à beaucoup de tentatives malheureuses, et l'on peut dire funestés, à plusieurs populations éblouies et dirigées par des administrations mal éclairées. Il est utile de faire connaître la véritable signification de ce succès, qui a été célébré dans le monde entier, et tellement admiré, que, même à Paris, on a voulu en avoir un second exemple.

Le puits de Grenelle fut entrepris pour le service d'un abattoir. Quand on l'eut poussé jusqu'à une profondeur raisonnable et qu'on vit qu'il ne donnait point d'eau, on parla de l'abandonner. Mais la science avait, à l'Hôtel-de-Ville de Paris, un représentant énergique et surtout infatigable. Or, d'un côté, la géologie donnait au sol de Paris une certaine constitution; d'un autre côté, la grande question de la chaleur centrale était à l'ordre du jour, et l'on admettait, un peu à l'aventure, que la chaleur va toujours croissant à mesure qu'on pénètre plus avant dans le sein de la terre. Le raisonnement, jusqu'alors, avait eu, dans l'établissement de cette loi, plus de part que l'observation. Tout cela était donc très-curieux, et, sous le point de vue scientifique surtout, très-utile à constater d'une manière directe. Il n'en fallut pas moins de grands efforts à M. Arago pour obtenir que l'on continuât le sondage. L'on arriva enfin à la nappe d'eau.

Le peuple de Paris fut émerveillé de son abondance, de l'élévation de son jet, de la hauteur de sa température qui marque 28°; et les savants le furent bien plus encore. Ils avaient vu leurs prévisions complétement réalisées ; ils avaient reconnu la véritable succession des terrains sous Paris ; en obtenant de l'eau à 28°, ils avaient conquis, au profit de la physique du globe, un fait immense venant confirmer expérimentalement une grande théorie, en lui fournissant la seule preuve directe et affirmative qui lui avait manqué jusqu'alors.

Telle est la véritable signification du puits artésien de Grenelle. Quant à l'eau qu'on devait en retirer, sa considération y entrait pour la plus faible part ; la population n'en avait pas besoin. Mais les recherches de physique et de géologie regardent les savants et les sociétés dont ils font partie. Les devoirs des administrations municipales sont d'une toute autre nature : si elles se mêlent parfois d'expériences, c'est pour encourager la science, comme c'est leur droit incontestable, en lui fournissant des fonds, quand le budget municipal le permet, et qu'il a été bien et dûment pourvu par elles aux besoins de leurs administrés.

Nous avons dit que la longueur de l'aqueduc de Croton était de 71 kilomètres (44,056 milles de 1,609 mètres). Sa prise d'eau est établie au moyen d'un barrage pratiqué sur la rivière ; et la rivière est elle-même le résultat d'une quantité d'affluents, dont les trois principaux prennent leur origine dans le *Putnam county* et portent les noms de East branch, Middle branch et West branch. Ces trois branches du *Croton river* se réunissent, après un cours de plus de dix milles, à Owen-Town ; et l'aqueduc commence seulement à environ quinze milles au-dessous de ce dernier point.

Le barrage a eu pour objet d'élever le niveau de l'eau de 40 pieds (le pied anglais est de 3 décimètres 047), plus de 12 mètres. Le débordement de la rivière, en amont, en a été la conséquence ; il s'est formé un grand lac, le *Croton lake*, c'est-à-dire un vaste bassin qui sert de réservoir alimentaire à l'aqueduc et contient, sur une profondeur moyenne de 6 pieds (1 mètre 82), un volume d'eau de 500,000,000 de gallons (2,270,000 mètres cubes, en comptant le gallon à raison de 4 litres 54). Par cet arrangement, le *Croton* peut fournir 35,000,000 de gallons (158,900 mètres cubes) en vingt-quatre heures, quantité suffisante à la consommation de 1,750,000 habitants, en comptant une dépense journalière de 20 gallons par tête (90 litres 80) et en y comprenant les besoins des manufactures, de la navigation, de l'arrosage des rues, de l'horticulture, des établissements de bains, etc.

Il arrive quelquefois que, pendant deux ou trois mois de l'été, le *Croton* roule moins d'eau ; le minimum a été trouvé égal à 27,000,000 de gallons par jour (122,580 mètres cubes). Mais ce volume augmente bientôt par les eaux de pluie. On voit qu'en admettant ce minimum de 27,000,000 de gallons (122,580 mètres cubes), il faut, pour compléter le volume de la consommation journalière, qui est de 35,000,000 de gallons (158,900 mètres cubes), soutirer au bassin de réserve, au *Croton lake*, 8,000,000 de gallons par jour (36,320 mètres cubes) ; mais ce bassin contient 500,000,000 de gallons (2,270,000 mètres cubes), quantité suffisante aux besoins pendant 62 jours et demi. Or, une pareille durée dépasse de beaucoup la durée observée pour le niveau des plus basses eaux de la rivière. Le volume des eaux affluentes du *Croton*, joint à celui que fournit le bassin de réserve, peut donc être fixé avec certitude à 35,000,000 de gallons (158,900 mètres cubes). Si jamais on avait besoin d'une quantité d'eau plus considérable, la disposition heureuse du terrain permettrait d'établir encore d'autres réservoirs très-étendus en amont de *Croton lake*.

L'aqueduc prend naissance au barrage. Il est voûté dans toute sa longueur, afin de garantir l'eau des influences de la chaleur et du froid. La pente est de 0,021 pour 100 mètres.

La grille qui précède les vannes de la prise d'eau avait d'abord des intervalles d'un pouce de largeur. Ces intervalles livrèrent passage à une quantité de poissons qui séjournèrent dans l'aqueduc et s'y multiplièrent. Pour obvier à cet inconvenient, on garnit la grille d'une toile métallique ; mais cette toile n'empêche pas le frai de passer.

L'œuvre d'art la plus remarquable est le pont sur le *Harlem river*, qui sépare du continent l'île de Manhattan, sur laquelle est bâtie la ville de New-York.

Ce pont se compose de quinze arches dont huit ont 100 pieds de hauteur sur 80 d'ouverture, les sept autres n'ont que 50 pieds d'ouverture.

On avait eu d'abord le projet de faire passer la conduite sous l'eau, en syphon, l'eau étant renfermée dans quatre tuyaux en fonte de 3 pieds de diamètre chacun. Sous le bras de mer, on aurait construit deux tunnels accouplés, chacun large de 12 pieds avec 8 pieds de hauteur. Le dessus de ces tunnels aurait été à 24 pieds au-dessous du niveau des eaux à marée basse. On aurait pénétré dans leur intérieur par le haut, des deux côtés. Quant à l'exécution, on aurait barré le bras de mer d'un bord à l'autre, et le travail se serait accompli à sec, entre deux bâtardeaux.

Nous dirons peut-être comment nous avions été amené à faire l'étude d'un travail analogue, pour traverser la lagune de Venise, avant qu'on eût décidé la construction du pont du chemin de fer, qui la traverse aujourd'hui, et à l'exécution duquel les obstacles n'ont pas manqué, même de la part des Vénitiens.

Dans le but d'établir une communication entre l'atmosphère et l'eau enfermée dans l'aqueduc, on a armé l'aqueduc de trente-trois ventilateurs, dont le troisième est toujours d'une dimension plus grande que les deux autres. Ce sont des ouvertures circulaires surmontées d'une cheminée en pierre ou en marbre, fermée par une grille. Les plus grandes ont une entrée par où l'on pénètre pour aller faire les réparations occurrentes.

Le bassin de réception en ville a une superficie de 35,05 acres, dont 31 acres de nappe d'eau. Il est partagé en deux par une digue transversale : dans une division il y a 20 pieds d'eau, dans l'autre 25 pieds. La contenance totale est de 150,000,000 de gallons (plus de 680,000 mètres cubes). Ce réservoir occupe l'espace compris entre la 6e et la 7e *avenues* et la 86e et la 79e rues.

Le bassin de distribution situé au sommet de Murray-Hill, point culminant de la ville, a une capacité de 21,000,000 de gallons (plus de 95,000 mètres cubes).

Les tuyaux de distribution sont en fonte. Le développement de leur réseau ne comprend pas moins de 134 milles (environ 216 kilomètres).

Les embranchements qui desservent les habitations sont en plomb. Ces tuyaux, du diamètre de un demi-pouce à un pouce, sont fixés aux conduites en fonte au moyen d'un taraud ; ils vont dans les cuisines, ordinairement situées dans les sous-sols, comme en Angleterre, et ils montent jusqu'aux étages supérieurs, pour alimenter les cabinets de bains placés à côté des chambres à coucher. L'aqueduc de Croton a été exécuté aux frais d'une compagnie ; elle a dépensé, dans sa construction, 8,575,000 dollars (46,476,500 francs), sans compter le réseau de distribution, qui a coûté 1,800,000 dollars (9,756,000 francs).

Pendant l'exécution de l'œuvre, les emprunts qu'on a été obligé de faire ont motivé un escompte de 647,157 dollars, de façon qu'à la fin des travaux, en y comprenant les intérêts payés pendant la durée de la construction, la dépense totale s'est trouvée monter à 12 millions 500 mille dollars, 67,750,000 francs.

Les maisons, au nombre de 33,500, (1846) quand elles sont de grandeur moyenne, payent 10 dollars par an. Les hôtels et les industries diverses sont imposés suivant leur étendue et leurs besoins

Les détails dans lesquels nous venons d'entrer sont importants, ils s'appliquent, comme nous l'avons déjà dit, à l'une des deux plus grandes œuvres de distribution d'eaux publiques qui existent sur le globe, l'une des plus grandes, et, sans aucun doute, des mieux comprises. Grâce à un médecin qui, dès le principe, montra une intelligence parfaite de la salubrité générale, il n'a été commis, dans les parties capitales de l'œuvre, aucune erreur de disposition susceptible de porter dommage à ce premier intérêt, à cet intérêt souverain de toute population, *salus populi*.

A New-York, on ne s'est point créé des difficultés en cherchant, pour satisfaire des nécessités de second et même de troisième ordre, à vaincre des impossibilités réelles. On n'a point tenu compte de fausses délicatesses, ni de fausses idées. L'eau sera-t-elle chaude ou froide? Sera-t-elle livrée trouble ou limpide?

Avant tout, on s'est préoccupé d'avoir de l'eau, de

l'avoir de la meilleure qualité possible, en ayant soin de ne pas prendre pour des qualités réelles des fantaisies de goût créées par l'habitude; et l'on s'est préoccupé de l'avoir en abondance.

On a couvert l'aqueduc dans toute sa longueur ; mais c'est pour éviter les effets de la gelée bien plus que ceux de la chaleur, attendu que quand l'eau est gelée elle coule en dessous; en outre elle n'aurait point coulé en quantité suffisante, c'est-à-dire à plein canal comme l'approvisionnement le demande; et enfin, chose grave ! elle n'aurait pas été en contact avec l'air.

On ne s'est pas inquiété de couvrir les réservoirs, l'eau ne faisant qu'y passer et s'y renouvelant tous les jours.

A New-York enfin, on n'a pas tenté de résoudre le nouveau problème de la quadrature du cercle, posé par les Anglais aux inventeurs de filtrage : on n'a pas tenté de filtrer l'eau en grandes masses, on a laissé à chacun le soin de traiter, comme il voudrait, sa provision. Les consommateurs de New-York imitent les consommateurs de Toulouse, de Marseille et même de Lyon, où cependant les grands filtres, galeries ou bassins, font partie intégrante de l'œuvre.

Partout, nous l'avons dit, quand on veut avoir de l'eau claire et à une température agréable, on en met la provision dans un lieu frais, à l'ombre, après l'avoir renfermée, les pauvres, dans un pot à beurre ; les consommateurs plus aisés, dans une fontaine filtrante.

Et en cela, s'il fallait en croire M. de Prony, les pauvres seraient le moins à plaindre. « Ce sont les pauvres, « disait-il à M. Mallet, qui boivent la meilleure eau, « parce qu'ils la puisent à la surface de leurs grands « pots qui leur tiennent lieu de fontaine, et ont ainsi « l'eau qui est la mieux chargée d'air. (MALLET, *Notice historique.*)

A quoi nous ajouterons que les longs vases étrusques du Louvre, et les grandes amphores posées sur trépieds, venues d'Égypte, de Grèce ou d'Italie, dont les formes et les ornements excitent, dans nos musées, l'admiration des archéologues et des antiquaires, n'avaient pas, chez les anciens, d'autre usage que le pot à beurre des modestes ménages de nos jours.

Il est facile de s'en convaincre en remontant les bords du Nil. Là, en effet, on peut voir, tous les matins, au lever du soleil, les femmes arabes des villages, venir au bord du fleuve, portant jusqu'à trois vases vides, qu'elles remplissent, après en avoir rincé et lavé les parois, dehors et dedans : vases oblongs, au fond ovoïde et souvent tout à fait pointu. Ces brunes ménagères aux pieds nus, ayant pour tout vêtement une longue et large chemise flottante, de coton bleu, s'en retournent au village avec leurs trois amphores élégamment plantées, l'une sur la tête, l'autre sur la hanche droite, la troisième sur la main gauche relevée, le coude s'arcboutant sur le flanc du même côté.

New-York est donc une ville bien pourvue, et son aqueduc mérite d'être cité comme un grand et bel ouvrage hydraulique.

L'œuvre de Marseille lui est certainement supérieure, en ce qui regarde les conséquences, sinon par son étendue et les parties relatives à la prise d'eau, si habilement traitées à Owen-Town, quand on a déterminé la formation du *Croton lake.*

Nous ne connaissons de l'œuvre de M. de Montricher que ce qu'en connaissent les touristes, ce qu'on en voit à Roquefavour, ou quand on va se promener sur le bassin d'arrivée des eaux de la Durance. Ce bassin est couvert et planté comme une promenade. On a les filtres sous ses pieds, sur une superficie de 8,800 mètres. Et ici, il peut être permis de le dire, l'ingénieur a sacrifié aux préoccupations anglaises ; il a même avantageusement lutté avec les ingénieurs d'outre-Manche, puisque son filtre donne un produit beaucoup plus considérable, que les mieux installés d'Angleterre et d'Ecosse. Mais il n'en est pas plus parfait, ni plus économique. Il faut le nettoyer souvent ; à la suite du nettoyement qui dure pendant un temps plus ou moins long, l'eau en sort avec une teinte ocreuse, et, quand elle est absolument limpide, la quantité du produit est bien près de devenir insuffisante.

Ce qui dans l'œuvre hydraulique de Marseille, doit exciter l'admiration, ce n'est donc pas la grandeur de ses bassins filtrants, ni leur perfection plus ou moins approchée ; ce n'est pas non plus le pont-aqueduc de Roquefavour, dont les proportions sont le double des proportions du pont du Gard. Ce qui fait la gloire de l'ingénieur, c'est d'avoir eu affaire à une grande ville, ramassée sur les flancs d'une roche aride, constamment brûlée par le soleil du midi, sans avoir autour d'elle aucun moyen de désaltérer ni ses habitants, ni son sol. Ce qui fait la gloire de M. de Montricher, c'est d'avoir envisagé la situation de cette ville dans son présent et dans son avenir, d'avoir su reconnaître de quelles richesses immenses il la doterait, s'il parvenait à lui donner assez d'eau, non pas seulement pour boire, mais pour rendre ses rues salubres, assainir son port, arroser au loin ses alentours, et faire pousser la verdure et de riants paysages, là où il n'y avait jamais eu que des rochers nus, desséchés, friables et répandant en l'air, au moindre vent, une poussière ténue, qu'auraient redouté même les chameaux d'Égypte, ou du Sahara d'Alger. Ce qui fait la gloire de M. de Montricher, c'est d'avoir prévu toutes ces conséquences, d'avoir porté la conviction dans l'esprit des administrateurs de la cité, et de les avoir ainsi décidés à courir même le danger de troubler leurs finances, pour travailler à la prospérité de leur ville avec une efficacité, dont ils n'avaient certainement pas, dès l'abord, calculé toute l'importance.

Avant l'exécution du canal de la Durance, les rochers de Marseille pouvaient être comparés aux rochers de Syra, qui est encore aujourd'hui le plus grand port de la Grèce, et qui n'en est pas moins la plus nue et la plus dépouillée de toutes le Cyclades. Marseille était comparable à Trieste, où, il y a maintenant vingt ans, le comte de Stadion, gouverneur, nous disait, en nous faisant l'honneur de nous demander nos conseils : « Il y a des périodes où il est véritablement dange-« reux de demeurer à Trieste, le manque absolu d'eau « faisant craindre à tout le monde de devenir enragé. » Quelle est, encore, aujourd'hui, la véritable situation de cette dernière ville sous le rapport de l'eau? (V. Préface, p. XI.)

En ce qui concerne Marseille, nous devons insister auprès de l'administation intelligente de cette ville, pour qu'elle ne laisse pas plus longtemps sa belle œuvre ignorée; pour qu'elle publie *in extenso* tous les détails de sa construction; pour qu'elle confie enfin à un ingénieur capable et lettré qui sache les mettre en ordre, et en faire ressortir le mérite et la valeur sous tous les rapports, les plans et les notes qu'a dû laisser M. de Montricher. C'est encore là, qu'elle en soit convaincue, une manière de travailler à sa propre gloire, comme à celle de la France, dont le canal de la Durance est, en son genre, l'un des plus beaux, des plus importants et des plus utiles monuments qui aient été construits dans les temps anciens aussi bien que de nos jours. (Voyez note C.)

Nous avons en France une autre œuvre d'eaux publiques aussi très-remarquable : c'est l'aqueduc du Peyrou à Montpellier. Mais, avant d'en parler, nous introduirons ici une parenthèse. Il y a en Europe, une capitale de premier rang, qui est, en ce moment encore, victime du préjugé combattu en 1798 à New-York par le docteur Brown. Cette capitale est Vienne. Sa mortalité comparée avec la mortalité de Paris se juge par les chiffres suivants.

Si vous demandez combien de personnes sur mille arrivent à l'âge de *dix ans*, l'un des statisticiens les plus accrédités, sir Francis Baily, vous répond qu'à Vienne il y en a 327, et à Paris 600. Combien à l'âge de cinquante ans? Réponse : à Vienne 147; à Paris 396.

La population de Paris boit l'eau de la Seine; celle de Vienne boit de l'eau de puits, ou de sources venant des montagnes, et dont les eaux sont plus ou moins chargées de sel (voyez au chapitre VI les analyses de l'eau du Danube et de la Seine) (1).

(1) En 1839, on construisit un aqueduc, pour soutirer au Danube, en imitant les galeries filtrantes de Toulouse, une certaine quantité d'eau que le terrain vicia, comme on devait s'y attendre. Cet aqueduc ne suffisant plus, ou fonctionnant d'une manière peu satisfaisante, on a senti la nécessité d'augmenter la quantité des eaux publiques. Eh bien! les administrateurs de la cité ont confié la solution de la question à une commission qui, parce que la population est habituée à l'eau de puits (dont nous avons signalé tous les vices, (voyez chapitre I page 20) n'a pas craint d'abandonner l'eau du Danube malgré sa pureté chimique, pour aller chercher vers Neustadt, des eaux de source, dont la quantité est bornée et la

Si le régime des eaux publiques n'explique pas tout dans ce résultat de la statistique concernant la mortalité comparée des deux capitales, il n'y a pas de médecin, il n'y a pas de physiologiste, il n'y a pas d'hygiéniste qui se refuse à reconnaître que ce régime y entre pour une grande part.

L'aqueduc de Montpellier est un véritable monument. C'est même, en fait d'aqueducs modernes, la seule œuvre d'art complète qui existe. Les Romains n'ont laissé que des ouvrages qui, comme le pont du Gard, servent à faire passer l'eau, d'une colline à l'autre. Tel est également le cas de l'imitation qu'en a faite à Roquefavour M. de Montricher. Tous ces ouvrages ornent des solitudes ; il faut aller les admirer dans la campagne, loin des lieux habités. Mais on ne trouve nulle part une série de 133 arches supportées

qualité relativement médiocre : et cela, uniquement pour avoir limpide et fraîche, la petite provision, la provision réellement minime qu'il faut aux Viennois pour se désaltérer. La commission satisferait donc ainsi un préjugé que la science et l'expérience condamnent comme funeste à la santé publique ; elle n'hésiterait pas à sacrifier les besoins réels et multipliés de l'économie domestique et de l'industrie de près de 700,000 habitants, besoins à coup sûr infiniment plus dignes de considération qu'un goût nuisible, en tout cas futile, et, comme le disait le docteur Brown aux habitants de New-York, véritablement dépravé.

A voir la marche rapide des idées, surtout en ce qui concerne les principes dont l'industrie a reconnu la solidité et l'importance pour son développement, le temps n'est pas éloigné où un pareil projet, s'il s'exécute, sera regardé, sinon comme nuisible à la santé publique, au moins comme insuffisant et peu favorable aux divers usages des manufactures et des arts : et en définitive sera imputé avec raison à ses auteurs comme une cause de retardement dans le progrès matériel du pays.

par 53 arcades venant affleurer le point culminant et le plus beau côté d'une belle ville.

La promenade du Peyrou est regardée, avec raison, comme l'une des plus belles du monde. Par un ciel pur, on voit à la fois l'Espagne et l'Italie, les Pyrénées et les Alpes, le Canigou et le mont Ventoux, et, au sud, la mer avec son horizon infini.

L'aqueduc vient augmenter encore la beauté de ce merveilleux site. On suit dans l'éloignement, jusqu'à une distance de 900 mètres, le développement de ses deux rangs d'arcades. L'eau se déverse dans un bassin circulaire abrité sous un pavillon hexagone supporté par des colonnes isolées et accouplées. Les six faces de ce pavillon s'ouvrent sur le bassin par de larges portiques et laissent à l'air un libre passage. De ce premier réservoir, l'eau tombe en cascade sur des rochers où elle se brise et s'aère. Elle est enfin recueillie dans un large bassin, d'où elle part pour sa destination, après avoir formé une belle nappe qui n'est pas un des moindres ornements de la promenade.

L'auteur de ce beau travail est Pitot, membre de l'Académie des sciences, esprit éminent et plein de ressources (1). Il avait le sentiment du beau. En présence de cette nature si grande, il n'y avait à cher-

(1) Pitot était ingénieur en chef du Languedoc, en 1740 : il a publié une *théorie de la manœuvre des vaisseaux*, que le gouvernement adopta pour l'instruction de la marine, et qui lui valut d'être nommé membre de la société royale de Londres.

cher, pour la construction, que des lignes; et, pour principe de décoration, l'eau en mouvement, dont l'aspect chatoyant et agité charme et entraîne l'œil et l'esprit, forcent à contempler et à méditer. Cette agitation incessante n'est-elle pas véritablement une image de la vie humaine toujours inquiète et active ?

Pendant longtemps la seule eau potable de Montpellier a été l'eau des puits et celle de deux petites sources. Dès le XIIIe siècle, on avait formé le projet d'amener les eaux de Saint-Clément, dont la source est à 61 mètres au-dessus du niveau de la mer, le niveau du Peyrou étant à 51 mètres. La construction a duré treize ans. Comme c'est l'ordinaire, les oisifs discutaient, contestant le mérite de l'œuvre : ils mettaient en question le succès. — « Quand l'aqueduc sera terminé l'eau n'arrivera pas, » disaient-ils. — L'archevêque de Narbonne, M. de Dillon, président des États, avait fini par laisser ébranler sa confiance. Il fit venir Pitot. — « M. Pitot, lui dit-il, êtes-vous bien sûr de vos opérations? On affirme que les eaux de Saint-Clément ne monteront pas au Peyrou. — C'est vrai, monseigneur, lui répondit Pitot, on a parfaitement raison ; les eaux ne monteront pas, elles descendront au Peyrou. »

Les sources de Saint-Clément sont au nombre de trois. L'eau est calcaire et dépose du carbonate de chaux. L'une d'elles est enfermée dans une construction carrée, sur les parois de laquelle, à l'intérieur, on lit en face : *C'est icy ma nessance;* à gauche, ces mots : *Ie fais icy mon ceiour ;* à droite : *Adieu mes amis, ic par.*

La longueur de l'aqueduc est de 13,904 mètres, et sa pente totale de 4 mètres. De nombreuses filtrations, que les gelées rendaient désastreuses, ont obligé l'administration de faire revêtir le canal dans lequel l'eau coule, avec des lames de plomb, sans danger pour la salubrité, parce que l'eau n'y séjourne pas.

La ville de Montpellier n'a donc que des eaux de source.

Chaque pays, en effet, boit les eaux qu'il a sous la main : là où il n'y a ni source ni rivière, on recueille les eaux du ciel. Le présent livre a précisément pour objet d'indiquer le moyen d'utiliser les unes et les autres ; et, quand on a le choix, d'apprendre à distinguer les meilleures, sans s'inquiéter si elles proviennent d'une source ou d'une rivière, les qualités de l'eau tenant essentiellement à sa composition et non pas à son origine.

NOTES

Note A (page 3).

Dans la séance de l'Académie des Sciences, du 6 janvier dernier, nous avons eu l'honneur de lire le Mémoire suivant sur le climat de la ville de Vienne (Autriche).

J'ai eu l'occasion d'étudier en divers pays le climat d'Hippocrate, c'est-à-dire l'influence positive que l'air, les eaux et les lieux exercent sur les hommes réunis en grandes masses et habitant un même point circonscrit et déterminé. La présente note a pour objet les conditions hygiéniques de la capitale de l'Autriche que j'ai habitée plusieurs années.

§ I. Les lieux. *Configuration du sol.* — La ville de Vienne est assise en pente, par étages, regardant l'est et le sud, du pied du Wienerberg qui termine les Alpes Noriques à la plaine où coule le Danube.

La colonie romaine s'établit sur la rive droite du fleuve : mais les atterrissements, descendant des Alpes à chaque pluie, repoussèrent peu à peu le fleuve vers les plaines d'Enzersdorf et de Wagram, qu'il envahit même encore tous les jours, comme on le voit par les îles nombreuses qu'il forme, en sortant de la gorge du Bisamberg et du Kahlenberg.

En 1598, le baron Ferdinand Hoyos ramena le Danube au pied de la ville. Il détourna une partie de ses eaux à Nussdorf, pour former le *canal de Vienne*. Ce canal baigne une portion des murs de circonvallation, les deux faubourgs de la rive gauche et les extrémités du croissant formé sur sa rive droite par les autres faubourgs.

La ville occupe trois plans superposés et les pentes qui mènent de l'un à l'autre. Le premier plan est dans la plaine au niveau du fleuve. Le second plan est occupé par la ville, par les glacis qu'on est en train de faire disparaître et par les faubourgs de droite et de gauche. Le troisième plan comprend les faubourgs les plus élevés.

Constitution géologique. — La chaîne adoucie qui termine les Alpes Noriques domine Vienne et porte le nom de *Kahlenberg*. Elle a pour base un grès bleu-grisâtre mêlé de stries de chaux et de marne *mergel-kalk*, d'argile schisteuse *schiefer-thon*, de marne schisteuse *mergels-chiefer*. On y trouve des empreintes fossiles de fucus *setangen*. C'est la formation qu'on a appelée *grès de Vienne* ou des *Karpathes*. Le *grès de Vienne* est donc un sable lié par de la chaux, de l'argile et de la marne schisteuse. Les principes calcaires y abondent tellement, que la chaux s'y fait remarquer en stries. Le *lœss* forme la partie supérieure, la couche superficielle du terrain. Selon le professeur Partsch, dont le nom est bien connu des géologues, le *lœss* est un terrain d'eau douce dans lequel on rencontre de petites crevasses remplies de chaux farineuse *kalk-mehl* et de nitrate de chaux *kalk-salpeter*. Il est le résultat des atterrissements formés par les eaux pluviales et torrentielles entraînant les débris des montagnes qui couvrent la ville à l'ouest et au nord.

§ II. L'Air. — Le savant directeur de l'observatoire de Vienne, M. J.-J. Littrow, mit la plus grande complaisance à me communiquer ses observations concernant la température, la pression barométrique et les mouvements de l'atmosphère ou la direction des vents. Je possède un tableau décennal entièrement écrit de sa main, comprenant les années 1828-1837 inclusivement.

a. Température. — Moyenne maximum de dix ans + 27°,17 R. Moyenne minimum — 12°,94 R. La plus grande chaleur a eu lieu le 14 juillet 1832 : elle s'est élevée à + 29°,0 R. Le plus grand froid est descendu à — 17°,0 R : il a eu lieu le 30 janvier 1830.

b. Pression barométrique. — Moyenne générale de dix ans, 27°,501. La plus grande hauteur barométrique s'est manifestée le 18 janvier 1828, elle a atteint 28°,322. La moindre élévation a été de 26°,638, le 1er avril 1829.

c. Mouvements de l'atmosphère. — Les observations des vents dominants de chaque mois comprennent cent vingt mois, durant lesquels ont prédominé les quatre directions suivantes :

Les vents du sud-est ont dominé 9 fois ; l'ouest-sud-ouest et le sud-sud-est chacun 3 fois ; le nord-nord-ouest et le sud-ouest chacun 2 fois. Les vents d'ouest, d'ouest-nord-ouest et de nord-ouest soufflent d'une direction analogue : pris ensemble ils ont dominé 202 fois. Le vent de sud-est, qui leur est directement opposé, a dominé 76 fois seulement. Je ne crois pas qu'il existe une constitution atmosphérique mieux caractérisée et plus tranchée.

d. Pluie. — Elle tombe pendant un peu plus de 100 jours : en 1835 on a compté 29 jours de neige.

§ III. Les eaux. — A Vienne chaque maison a son puits dont on boit l'eau assez généralement ; les fontaines publiques sont alimentées par neuf aqueducs ; et le Danube baigne la ville. L'eau des puits est altérante ; elle excite à boire. Elle contient des nitrates qui lui viennent d'une circonstance particulière. Dans la cour de chaque maison, il y a sous le sol une fosse carrée couverte en bois, dans laquelle on jette tous les jours les matières qu'à Paris on jette en tas dans la rue. Quand il pleut, les matières contenues dans la fosse sont atteintes, l'eau pluviale les traverse, s'infiltre et vient se rassembler dans le puits qui est à côté et dans lequel elle entraîne toutes les substances solubles.

En 1838, M. Wilhem Wurtzler, pharmacien distingué, qui m'avait été désigné par les premiers médecins de Vienne, analysa, sur ma demande, les eaux des neufs aqueducs, celle du Danube et celle de deux puits dont l'eau est fort goûtée par la population.

Les chiffres suivants indiquent des grains et des millièmes de grain par livre d'eau de 16 onces :

	Grains.	Millièmes.
1. Eau du Danube	1	325
2. Aqueduc Albertin.	2	430
3. Aqueduc des sept fontaines.	2	650
4. Aqueduc des Hernals.	2	820
5. Aqueduc du Magistrat.	2	950
6. Puits du prince Esterhàszy.	3	060
7. Aqueduc de l'Intendance.	3	130
8. Aqueduc de Mariahilf.	3	180
9. Aqueduc de la Garde hongroise. . . .	3	875
10. Aqueduc Karoly.	4	865
11. Aqueduc de Nussdorf.	5	000
12. Puits du palais Schwartzenberg. . . .	6	040

Les sels dominants sont le muriate de soude, les nitrates, les sulfates et les carbonates de soude et de chaux.

L'eau des aqueducs vient des montagnes dont j'ai dit la constitution : *tales sunt aquæ, qualis terra...* Le muriate de soude, qui surabonde dans certains puits, s'explique par l'habitude où sont les propriétaires d'y jeter, de temps à autre, des quantités assez considérables de sel de cuisine : ils pensent que l'eau en devient meilleure.

Tels sont les faits que j'ai recueillis à Vienne touchant les trois éléments du climat d'Hippocrate : l'air, l'eau et les lieux.

L'action de tout climat se manifeste par la santé générale et la mortalité.

Santé générale. — Les faits suivants m'ont été fournis par le docteur J.-J. Knolz, *protomedicus* de Vienne, et par le docteur Schiffner, qui, en outre, m'a fait dresser un tableau authentique des malades admis et traités dans tous les établissements sanitaires de Vienne pendant cinq années consécutives, 1833-1837. Les hôpitaux de Vienne représentent assez fidèlement la santé générale, parce qu'on y admet aussi des malades payants. Les bourgeois vont s'y faire soigner sans difficulté : habitude consolante pour les malheureux, dont aucun préjugé d'hôpital ne vient troubler la confiance dans les soins qu'ils y vont chercher.

Dans une période de cinq ans sont entrés.	139,618	malades.
» sont morts.	17,986	morts.

C'est un peu plus de 1 mort sur 8 malades.

Sur ce nombre, la phthisie pulmonaire en a enlevé 5,255, la fièvre nerveuse (typhoïde) 2,110, l'hydropisie 1,000, la fièvre hectique 836, les inflammations abdominales 746, la fièvre puerpérale 772, etc.

Mortalité. — La population de Vienne, d'après le dernier recensement, serait de 579,457 individus. En 1838, des renseignements puisés à des sources variées en portaient le chiffre à 350,000 âmes. Trois observateurs me donnèrent les moyennes de mortalité suivantes :

Wertheim. de 1789 à 1807, moyenne annuelle.	15,056 morts.
Klein, de 1807 à 1812, moyenne annuelle. . .	16,470
Une statistique sans nom d'auteur, de 1801 à 1805, moyenne annuelle.	13,779
Total.	45,305
Moyenne de 36 ans.	15,101

soit 45 pour 1,000 ou 1 mort sur 22 vivants.

A la même époque, je conférais ce chiffre avec celui de Paris, et je trouvais 1 mort sur 33, et mes calculs étaient d'accord avec les statisticiens les plus sévères anglais et français.

Conclusion. — Le climat de Vienne est vicié par les mouvements atmosphériques, par la prédominance des trois rhumbs de vent ouest, ouest-nord-ouest et nord-ouest. Il est vicié par les lieux : l'existence d'une fosse sans clôture hermétique, dans la cour de toutes les maisons, est une mauvaise condition d'hygiène. Il est vicié par les eaux, comme leur analyse le démontre.

On remédiera aisément aux eaux et aux lieux. Il n'est pas aussi facile de corriger la constitution atmosphérique. Cependant j'émettrai un avis en m'appuyant d'un exemple qui est dans l'histoire. On raconte qu'Empédocle délivra la ville d'Agrigente d'une épidémie qui l'affligeait tous les ans. Ayant constaté que la maladie se manifestait sous l'influence de certains vents, il donna le conseil de boucher, au moyen d'un grand mur, une gorge formée par deux montagnes. Le vent n'ayant plus accès sur la ville, la peste disparut pour toujours. Le vent du nord ne souffle jamais sur Vienne. La ville est protégée par le Léopoldsberg et le Kahlenberg qui terminent les Alpes sur le Danube. Mais cette protection des Alpes qui forment autour de Vienne une demi-ceinture dans la direction du nord-ouest, de l'ouest et du sud-ouest, ne se continue pas, parce que les gorges de ces montagnes livrent passage aux vents de ces trois rhumbs. Peut-être en étudiant ces gorges et en déterminant le point culminant de chacune, arriverait-on pour Vienne à un résultat analogue à celui qu'Empédocle obtint pour Agrigente. Le point de partage des eaux entre Siegardskirchen et Burkersdorf, sur la route de France, me paraît être, sauf meilleur avis, un lieu d'élection pour un semblable objet. Ces vents des trois rhumbs d'ouest conjurés apporteraient une diminution notable dans les fièvres nerveuses et toute la série des maladies abdominales, en neutralisant une des plus puissantes causes de leur développement à Vienne. (*Compte-rendu des séances de l'Académie des sciences*, tome LIV, page 45.)

Note B (page 14).

Après la grande et célèbre expérience dans laquelle Cavendish parvint, à l'aide d'une étincelle électrique, à réunir en acide nitrique liquide les deux éléments gazeux dont se compose l'air que nous respirons (l'azote et l'oxygène), il n'était guère permis de douter, que la foudre ne sillonne pas impunément de ses traits enflammés d'immenses étendues d'atmosphère. Peu d'années cependant se sont écoulées depuis l'époque où un chimiste allemand. *M. Liebig*, a soumis cette idée si naturelle à des épreuves décisives.

En 1827, le professeur de *Giessen* publia l'analyse de 77 résidus obtenus par la distillation de 77 échantillons d'eau de pluie, recueilis dans des vases de porcelaine, à 77 époques différentes. Parmi ces 77 échantillons d'eau, 17 provenaient de pluies d'orage. Eh bien! ces 17 pluies d'orage contenaient toutes de l'acide nitrique en plus ou moins grande quantité, combiné à de la chaux ou à de l'ammoniaque. Dans les autres échantillons, au nombre de 60, *M. Liebig* n'en trouva que 2 où il existât *des traces, de simples traces*, d'acide nitrique.

Voilà donc la matière fulminante réalisant une des plus brillantes expériences de la chimie moderne. Ces réunions subites de l'azote et de l'oxygène, que l'illustre chimiste anglais (Cavendish) opérait en vases clos, la foudre les détermine dans les hautes régions de l'atmosphère. Il y a là, pour les physiciens et les chimistes, un vaste et important sujet d'expériences. Il faudra examiner si, toutes les autres circonstances restant égales, les quantités d'acide nitrique engendrées pendant les orages ne varient pas avec les saisons, avec la hauteur et par conséquent aussi avec la température des nuées d'où la foudre s'élance ; il faudra rechercher aussi si dans les régions intertropicales, où, pendant des mois entiers, le tonnerre gronde chaque jour avec tant de force, l'acide nitrique créé par la foudre aux dépens des deux éléments gazeux de l'atmosphère ne suffirait pas à l'entretien des nitrières naturelles, dont l'existence dans certaines localités où les matières animales ne se voyaient nulle art était pour la science une véritable pierre d'achoppement. Peut-être qu'en se livrant à ces investigations savantes, on découvrira aussi l'origine encore cachée de quelques autres substances, de la chaux, de l'ammoniaque, etc., que *M. Liebig* a trouvées dans les eaux provenant des pluies d'orage. Mais ne parvînt-on à éclaircir que la seule question des nitrières naturelles, ce serait déjà beaucoup de gagné. Ne voit-on pas, au surplus, tout ce qu'il avait de piquant à *prouver* que la foudre prépare, qu'elle élabore dans les hautes régions de l'air, le principal élément de *cette autre foudre* (la poudre à canon), dont les hommes font un si prodigieux usage pour s'entredétruire.

(ARAGO, sur le tonnerre, *Annuaire* de 1838).

NOTE C (page 329).

Les notes suivantes, recueillies pendant que le canal de Marseille était en construction, (1842) *contiennent des détails susceptibles de compléter, à certains égards, ce qui est dit de cette belle œuvre, dans le texte.*

Le canal de Marseille amènera, de la Durance, l'eau nécessaire aux usages domestiques et manufacturiers des Marseillais, à l'arrosage de leurs rues, à l'assainissement de leur port, à l'irrigation de leur territoire qu'effectueront qninze lieues de dérivation, et fournira la force motrice de diverses fabriques. Il aura 82,654 mètres de longueur, dont 15,634 en souterrain.

Dès le règne de Louis XII, il était question d'un canal de Provence, alimenté par la Durance. Cinquante ans après, Craponne, qui s'est immortalisé par la création du canal qui porte son nom, avait conçu le projet d'établir une communication entre la Durance et la mer. Plus tard, par les ordres de Louis XIV, Vauban s'apprêtait à exécuter le canal de Provence lorsque la mort vint l'arrêter. Depuis lors le projet du canal fut repris et abandonné plusieurs fois. Le duc de Richelieu en 1751, l'avait pris sous son patronage; un ingénieur distingué, Floquet, avait tracé les plans; les travaux furent commencés et poussés avec une certaine énergie; mais les fonds manquèrent bientôt, et l'entreprise resta suspendue. Il en fut de nouveau question sous Louis XVI, sous la République, sous l'Empire. En 1821, un habile ingénieur des ponts et chaussées, M. Garella, se livra à une suite d'études approfondies, qui durèrent plusieurs années. Au tracé de M. Garella vint bientôt s'opposer celui de M. Bazin. Aujourd'hui enfin ce sont les plans d'un jeune ingénieur, M. de Montricher, acceptés par le conseil municipal de Marseille et approuvés par le conseil général des ponts et chaussées, que le projet de loi recommande.

Pour l'irrigation de mille hectares de terre sous le ciel de la Provence, il faut une prise d'eau de 660 litres (deux tiers de mètre cube) par seconde. On estime à 6,000 hectares au moins les terrains des environs de Marseille qu'il conviendrait d'arroser ; ce serait donc 3 mètres cubes et demi par seconde qu'exigerait le territoire Marseillais. D'après les évaluations admises par le conseil général des ponts et chaussées, la Durance n'en aurait jamais moins de 74. En outre les eaux potables et domestiques sont très-rares à Marseille. En 1834, le maire se vit obligé d'employer deux compagnies de grenadiers pour garder le filet d'eau que la rivière de l'Huveaune fournissait encore : A diverses reprises, la disette d'eau y a causé des épidémies et des émeutes. La prise d'eau totale devrait être de 8 à 9 mètres cubes par seconde, c'est-à-dire au plus du huitième de ce que débite la Durance aux plus basses eaux. Pour compenser les pertes d'eau causées par les filtrations et l'évaporation, le canal devrait emprunter à la Durance un mètre cube de plus par seconde. A ce compte la prise d'eau eût été de 10 mètres cubes par seconde.

Malheureusement la requête de la ville de Marseille avait soulevé beaucoup d'opposition. Il a fallu respecter les droits acquis des propriétaires des canaux d'irrigation dont les prises d'eau se trouvent en dessous de Saint-Paul, point de départ adopté par M. de Montricher. Il a été reconnu nécessaire de laisser à la Durance une certaine quantité d'eau pour la branche septentrionale du canal Boisgelin, appelé canal des Alpines. Par ces motifs, la ville de Marseille n'a été autorisée à puiser dans la Durance que 5 mètres cubes 3/4 qui en raison des pertes n'en produiront effectivement que 5. Cette réduction est vraiment exagérée. Le conseil général des ponts et chaussées admet que la quantité d'eau roulée par la Durance est de 74 mètres cubes, et qu'il suffit qu'elle en conserve 12 à son embouchure dans le Rhône. Or les concessions actuelles ne s'élèvent qu'à 32 mètres cubes, il en restait donc 30 à concéder. Quoi qu'il en soit, de guerre lasse les Marseillais ont accédé à ces conditions. Ils renoncent au projet qu'ils avaient formé de distribuer de l'eau sur tout le parcours de leur canal, et ils garderont pour leur clocher tout ce qui leur a été attribué. Frappés de ce que le canal débouchait du souterrain de Notre-Dame (hameau situé à 2 lieues de Marseille) à une hauteur de 150 mètres au-dessus du niveau de la mer, ils avaient pensé qu'avec 5 mètres cubes tombant de cette hauteur, ils auraient une force motrice suffisante pour un nombre considérable de fabriques. Et, en effet, la puissance ainsi créée eût été équivalente à trois mille chevaux. Ils abandonnent cette espérance. Mais leur cité sera admirablement arrosée et parfaitement approvisionnée, même pour le service courant des fabriques ; le port cessera d'être un cloaque infect. D'ailleurs le canal sera creusé de manière à recevoir 10 mètres cubes, et il pourra les emprunter à la Durance même pendant la majeure partie de l'été ; car, grâce aux glaciers des Alpes, dont le tribut augmente pendant les chaleurs de l'été, l'étiage extrême est un accident qui ne dure que pendant quelques jours. Plus tard enfin on se décidera peut-être à établir des réservoirs semblables à ceux qui aliment les canaux de navigation, et où l'on amassera, aux époques de pluie ou pendant la fonte des neiges, d'immenses approvisionnements pour les temps de sécheresse. Le lac Mœris, de classique mémoire, était une création de ce genre. L'écluse de Caromb, dans le département de Vaucluse, a été construite dans ce but, et a enrichi les cantons voisins, quoiqu'elle n'ait d'eau à accumuler que celle que fournit une petite source. Que seraient les magnifiques réservoirs du canal du midi et du canal de Bourgogne ; que serait le lac Mœris lui-même, en comparaison des gigantesques bassins que l'on pourrait pratiquer, à l'aide de barrages peu dispendieux, dans les vallées profondes des Alpes, et parmi les chaînes plus humbles qui servent de contrefort aux Alpes ?

A Roquefavour, non loin de Marseille, le canal offre un acqueduc en pierre de taille dont la hauteur est de 80 mètres ; c'est autant que la lanterne du Panthéon, et 14 mètres de plus que la balustrade des tours de Notre-Dame, la longueur de cette construction extraordinaire est au couronnement, de 375 mètres. On sait que le célèbre pont du Gard n'a que 50 mètres d'élévation.

Parmi les souterrains au nombre de quarante, trois ont environ 3,500 mètres, un seul, celui des Taillades, a donné de l'embarras à cause des épuisements.

On compte sur la ligne 230 ponts ou aqueducs; parmi ces derniers, il en est un de 25 mètres de hauteur et de 170 mètres de longueur.

Nous avons dit que la ville de Marseille avait été autorisée à puiser dans la Durance 5 mètres cubes 3/4 seulement. La section et la pente du canal ont été calculées de manière à débiter ce volume d'eau avec un mouillage de 1^m 50^c, et une vitesse moyenne de 0^m 84^c environ par seconde. On a rempli cette condition en donnant au canal une largeur de 3 mètres à la cuvette, de 7 mètres à la ligne d'étiage, et une pente de 0^m 30^c par kilomètre. La profondeur totale du canal est d'ailleurs de 2^m 40^c, et sa largeur de 9^m 40^c au sommet. Dans ces conditions, les eaux peuvent atteindre sans inconvénient une hauteur de 0^m 50^c au-dessus de l'étiage; elles acquièrent alors une vitesse de 0^m 90^c environ, et fournissent 10 mètres cubes par seconde : ce volume peut être considéré comme le produit habituel du canal. Dans les souterrains, la largeur a été réduite à 3^m 40^c avec une hauteur de 3^m 70^c sous clef; mais en même temps, la pente a été portée à 1 mètre par kilomètre, de manière à déterminer une vitesse d'écoulement de 1^m 55^c par seconde, et à maintenir ainsi le débit ordinaire de 10 mètres cubes.

TABLE DES MATIÈRES

CHAPITRE III.

CARACTÈRES ESSENTIELS DES EAUX PUBLIQUES.

CHAPITRE IV.

DE L'EAU CONSIDÉRÉE AU POINT DE VUE CHIMIQUE.

CHAPITRE V.

DÉTERMINATION DES PRINCIPES CONSTITUANTS DES EAUX PUBLIQUES.

CHAPITRE VI.

DES MATIÈRES QUI ALTÈRENT LA PURETÉ DE L'EAU. — ANALYSES.

CHAPITRE VII.

DE LA MATIÈRE ORGANIQUE.

DEUXIÈME PARTIE.

APPLICATION.

CHAPITRE VIII.

DE LA BAGUETTE DIVINATOIRE.

CHAPITRE IX.

DE L'ART DE DÉCOUVRIR LES SOURCES.

CHAPITRE X.

DES PUITS ARTÉSIENS.

CHAPITRE XI.

DES CITERNES.

CHAPITRE XII.

DE LA QUANTITÉ D'EAU NÉCESSAIRE A UNE POPULATION AGGLOMÉRÉE.

CHAPITRE XIII.

DES PRISES D'EAU.

CHAPITRE XIV.

DE LA CLARIFICATION DES EAUX PUBLIQUES.

CHAPITRE XV.

DE LA TOUR HYDRAULIQUE OU CHATEAU D'EAU ET DES RÉSERVOIRS.

CHAPITRE XVI.

QUESTION ÉCONOMIQUE.

CHAPITRE XVII.

DES ÉTABLISSEMENTS LES PLUS IMPORTANTS DE DISTRIBUTION D'EAUX PUBLIQUES.

FIN DE LA TABLE DES MATIÈRES.

Coulommiers. — Imprimerie de A. MOUSSIN.

DU MÊME AUTEUR :

Considérations hygiéniques sur les eaux en général et sur les eaux de Vienne (Autriche) en particulier. Paris, 1839, 2ᵉ édition, broché, in-8. *Épuisé.*

Essai sur les eaux publiques, et sur leur application aux besoins des grandes villes. 1 vol. in-8. Paris, 1841. *Épuisé.*

Note sur les eaux de Venise, brochure in-4 avec planche gravée. Paris, 1842. *Épuisé.*

Mémoire sur les eaux de Paris, grand in-4 sur beau papier, avec planches représentant un monument hydraulique, dessin d'Adrien Dauzats. Paris, 1860. Prix. . . . . 5 »

De l'aménagement et de la conservation de l'eau de pluie, pour les besoins de l'économie domestique dans les communes et dans les habitations rurales dépourvues d'eau de source et de rivière. Instruction pratique, in-8. Paris, 1860. Prix. . . . 2 25

Venise, histoire de ses [illegible] à l'Académie des sciences, br. in-8. Paris, 1861. Prix. 1 50

A LA MÊME LIBRAIRIE :

Leçons élémentaires de chimie, par M. Malaguti, membre correspondant de l'Institut, doyen et professeur de chimie à la faculté des sciences de Rennes, 3ᵉ édition, refondue et augmentée (1863), 3 très-forts volumes grand in-18, enrichis de très-nombreuses figures dans le texte. Prix, broché. . . . . 16 »

Chimie appliquée à l'agriculture, précis des leçons professées depuis 1852 jusqu'à 1862, sur différents sujets d'agriculture, par *le même*, nouvelle édition, refondue et augmentée (1862), 3 volumes in-18 jésus. Prix, broché. . . . . 10 »

Dictionnaire de chimie industrielle, par MM. Barreswil et Aimé Girard, avec la collaboration d'une société d'industriels et de savants, 4 volumes in-8, avec de nombreuses figures intercalées dans le texte. Prix. . . . . 30 »

Le livre de la ferme et des maisons de campagne, par une société d'agronomes, sous la direction de M. P. Joigneaux, 1 volume grand in-8 jésus d'environ 2,000 pages, imprimé sur deux colonnes, avec figures dans le texte. Prix, br. . . . . 30 »

Dictionnaire général de biographie et d'histoire, de mythologie, de géographie ancienne et moderne comparée, des antiquités et des institutions grecques, romaines, françaises et étrangères, par MM. Ch. Dezobry, auteur de *Rome au siècle d'Auguste*, Th. Bachelet, agrégé d'histoire, professeur au lycée impérial de Rouen, et une société de littérateurs, de professeurs et de savants, 1 vol. grand in-8 de [illegible] à 2 colonnes, de 3,000 pages environ, divisé en 2 parties ou tomes. Prix, broché (les 2 tomes). . . . . 25 »

Dictionnaire général des lettres, des beaux-arts et des sciences morales et politiques, par M. Th. Bachelet, l'un des auteurs-directeurs du *Dictionnaire de Biographie et d'Histoire*, etc., une société de littérateurs, d'artistes, de publicistes et de savants, et avec la collaboration et la co-direction de M. Ch. Dezobry, auteur de *Rome au siècle d'Auguste*, et l'un des auteurs-directeurs du *Dictionnaire de Biographie et d'Histoire*, etc. 1 vol. grand in-8 jésus, de 2,000 pages environ, formant 1 ou 2 tomes à volonté. Prix, broché. . . . 25 »

COULOMMIERS. — IMPRIMERIE DE A. MOUSSIN.

www.ingramcontent.com/pod-product-compliance
Ingram Content Group UK Ltd.
Pitfield, Milton Keynes, MK11 3LW, UK
UKHW020302230726
13925UKWH00001B/178

9 782013 693974